细说 HTML5 高级 API

兄弟连教育◎组编
高洛峰 胡宏运 刘 滔◎编著

电子工业出版社
Publishing House of Electronics Industry
北京·BEIJING

内 容 简 介

快速构建跨平台的移动 APP，在市场开发需求增加和要求开发效率提高的情况下，最佳方案就是选择基于 HTML5 的开发技术。本书的 Cordova 技术是基于 HTML5 的，它支持所有市面上的移动端设备。本书的主要特点就是为了读者能够深入浅出地学习使用 HTML5 和 Cordova 的技术开发移动端 APP。主要内容包括 HTML5 的移动端布局和不同平台下 Node.js 和 Cordova 的环境搭建、Cordova 的常用核心 API，以及事件处理、地理位置、Web 存储、多媒体等，重点讲解了 HTML5 高级 API 中的几个常用 API（如 Web Socket 和 Canvas 等）。本书比较适合有一定的 JavaScript+HTML5 开发基础的读者，希望读者能够举一反三，获取更多知识。

未经许可，不得以任何方式复制或抄袭本书之部分或全部内容。
版权所有，侵权必究。

图书在版编目（CIP）数据

细说 HTML5 高级 API / 兄弟连教育组编；高洛峰，胡宏运，刘滔编著. —北京：电子工业出版社，2017.12
ISBN 978-7-121-32927-2

Ⅰ.①细… Ⅱ.①兄… ②高… ③胡… ④刘… Ⅲ.①超文本标记语言－程序设计 Ⅳ.①TP312.8

中国版本图书馆 CIP 数据核字（2017）第 259861 号

策划编辑：李　冰
责任编辑：李　冰
特约编辑：田学清　罗树利等
印　　刷：三河市双峰印刷装订有限公司
装　　订：三河市双峰印刷装订有限公司
出版发行：电子工业出版社
　　　　　北京市海淀区万寿路 173 信箱　　邮编：100036
开　　本：787×1092　1/16　印张：18.25　字数：467.2 千字
版　　次：2017 年 12 月第 1 版
印　　次：2017 年 12 月第 1 次印刷
定　　价：49.80 元

凡所购买电子工业出版社图书有缺损问题，请向购买书店调换。若书店售缺，请与本社发行部联系，联系及邮购电话：（010）88254888，88258888。
质量投诉请发邮件至 zlts@phei.com.cn，盗版侵权举报请发邮件至 dbqq@phei.com.cn。
本书咨询联系方式：libing@phei.com.cn。

前言 PREFACE

随着 HTML5 标准化逐渐成熟,以及互联网的飞速发展和移动端的应用不断创新,再加上微信公众号、小程序的应用飙升,原生 APP 向 Web APP 和混合 APP 的转变,用户对视觉效果和操作体验的要求越来越高,HTML5 成为移动互联网的主要技术,也是目前的主流技术之一。HTML5 是超文本标记语言(HTML)的第 5 次修订,是近年来 Web 标准的巨大飞跃。Web 是一个内涵极为丰富的平台,和以前版本不同的是,HTML5 并非仅仅用来表示 Web 内容,在这个平台上还能非常方便地加入视频、音频、图像、动画,以及与计算机的交互。HTML5 的意义在于它带来了一个无缝的网络,无论是 PC、平板电脑,还是智能手机,都能非常方便地浏览基于 HTML5 的各类网站。对用户来说,手机上的 APP 会越来越少,用 HTML5 实现的一些应用不需要下载安装,就能立即在手机界面中生成一个 APP 图标,使用手机中的浏览器来运行,新增的导航标签也能更好地帮助小屏幕设备和有视力障碍人士使用。HTML5 拥有服务器推送技术,给用户带来了更便捷的实时聊天功能和更快速的网游体验。

HTML5 对于开发者来说更是福音。HTML5 本身是由 W3C 推荐的,也就意味着每一个浏览器或每一个平台都可以实现,这样可以节省开发者花在浏览器页面展现兼容性上的时间。另外,HTML5 是 Web 前端技术的一个代名词,其核心技术点还是 JavaScript。如 HTML5 的服务器推送技术再结合 JavaScript 编程,能够帮助我们实现服务器将数据"推送"到客户端的功能,客户端与服务器之间的数据传输将更加高效。基于 SVG、Canvas、WebGL 及 CSS3 的 3D 功能,会让用户惊叹在浏览器中所呈现的各种炫酷的视觉效果。以往在 iPhone iPad 上不支持的 Flash 将来都有可能通过 HTML5 华丽地呈现在用户的 iOS 设备上。

本套图书介绍

为了让前端技术初学者少走弯路,快速而轻松地学习 HTML5 和 JavaScript 编程,我

们结合新技术和兄弟连多年的教学经验积累，再通过对企业实际应用的调研，编写了一整套 HTML5 系列图书，共 5 本，包括《细说网页制作》、《细说 JavaScript 语言》、《细说 DOM 编程》、《细说 AJAX 与 jQuery》和《细说 HTML5 高级 API》。每一本书都是不同层次的完整内容，不仅给初学者安排了循序渐进的学习过程，也便于不同层次的读者选择；既适合没有编程基础的前端技术初学者作为入门教程，也适合正在从事前端开发的人员作为技术提升参考资料。本套图书编写的初衷是为了紧跟新技术和兄弟连 IT 教育 HTML5 学科的教学发展，作为本校培训教程使用，也可作为大、中专院校和其他培训学校的教材。同时，对于前端开发爱好者，本书也有较高的参考价值。

《细说网页制作》

作为"跟兄弟连学 HTML5 系列教程"的第一本书，主要带领 HTML5 初学者一步步完成精美的页面制作。本书内容包括 HTML 应用、CSS 应用、HTML5 的新技术、各种主流的页面布局方法和一整套页面开发实战技能，让读者可以使用多种方法完成 PC 端的页面制作、移动端的页面制作，以及响应式布局页面的制作，不仅能做出页面，还能掌握如何做好页面。

《细说 JavaScript 语言》

这是"跟兄弟连学 HTML5 系列教程"的第二本书，在学习本书之前需要简单了解一下第一本书中的 HTML 和 CSS 内容。本书内容是纯 JavaScript 语言部分，和浏览器无关，包括 JavaScript 基本语法、数据类型、流程控制、函数、对象、数组和内置对象，所有知识点都是为了学习 DOM 编程、Node.js、JS 框架等 JavaScript 高级部分做准备。本书虽然是 JavaScript 的基础部分，但全书内容都需要牢牢掌握，才能更好地晋级学习。

《细说 DOM 编程》

这是"跟兄弟连学 HTML5 系列教程"的第三本书，全书内容都和浏览器相关，在学习本书之前需要掌握前两本书的技术。本书内容包括 BOM 和 DOM 两个关键技术点，并且全部以 PC 端和移动端的 Web 特效为主线，以实例贯穿全部知识点进行讲解。学完本书的内容，不仅可以用 JavaScript 原生的语法完成页面的特效编写，也为学习后面的 JavaScript 框架课程做好了准备。本书内容是 Web 前端课程的核心，需要读者按书中的实例多加练习，能熟练地进行浏览器中各种特效程序的开发。

《细说 AJAX 与 jQuery》

这是"跟兄弟连学 HTML5 系列教程"的第四本书，其内容是建立在第三本书之上的，包括服务器端开发语言 Node.js、异步传输 AJAX 和 jQuery 框架三部分。其中，Node.js 部分是为了配合 AJAX 完成客户端向服务器端的异步请求；jQuery 是目前主流的前端开发框架，其目的是让开发者用尽量少的代码完成尽可能多的功能。AJAX 和 jQuery 是目前前端开发的必备技术，本书从基本应用开始学起，用实例分解方式讲解技术点，让读者完全掌握这些必备的技能。

《细说 HTML5 高级 API》

这是"跟兄弟连学 HTML5 系列教程"的第五本书，是前端开发的应用部分，主要讲解 HTML5 高级 API 的相关内容，包括画布、Web 存储、应用缓存、服务器发送事件等，可以用来开发移动端的 Web APP 项目。本书重点讲解了 Cordova 技术，它提供了一组与设备相关的 API，通过这组 API，移动应用就能够通过 JavaScript 访问原生的设备功能，如摄像头、麦克风等。Cordova 还提供了一组统一的 JavaScript 类库，以及与这些类库所用的设备相关的原生后台代码。通过编写 HTML5 程序，再用 Cordova 打包出混合 APP 的项目，可以安装在 Android 和 iOS 等设备上。

本套图书的特点

1．内容丰富，由浅入深

本套图书在内容组织上本着"起点低，重点高"的原则，内容几乎涵盖前端开发的所有核心技能，对于某一方面的介绍再从多角度进行延伸。为了让读者更加方便地学习本套图书的内容，在每本书的每个章节中都提供了一些实际的项目案例，便于读者在实践中学习。

2．结构清晰，讲解到位

每个章节都环环相扣，为了让初学者更快地上手，本套图书精心设计了学习方式。对于概念的讲解，都是先用准确的语言总结概括，再用直观的图示演示过程，接着以详细的注释解释代码，最后用形象的比喻帮助记忆。对于框架部分，先提取核心功能快速掌握框架的应用，再用多个对应的实例分别讲解每个模块，最后逐一讲解框架的每个功能。对于代码部分，先演示程序效果，再根据需求总结涉及的知识点逐一讲解，然后组合成实例，最后总结分析重点功能的逻辑实现。

3．完整案例，代码实用

为了便于读者学习，本套图书的全部案例都可以在商业项目中直接运用，丰富的案例几乎涵盖前端应用的各个方面。所有的案例都可以通过对应的二维码扫描，直接在手机上查看运行结果，读者可以通过仔细研究其效果，最大限度地掌握开发技术。另外，扫描每个章节中的资源下载二维码，可以获得下载链接，点击链接即可获取所有案例的完整源代码。

4．视频精致，立体学习

字不如表，表不如图，图不如视频，每本书都配有详细讲解的教学视频，由兄弟连名师精心录制，不仅能覆盖书中的全部知识点，而且远远超出书中的内容。通过参考本套图书，再结合教学视频学习，可以加快对知识点的掌握，加快学习进度。读者可以扫描每个章节中提供的教学视频二维码，获取视频列表直接在于机上观看，也可以直接登录"猿代码（www.ydma.cn）"平台在 PC 端观看，逐步掌握每个技术点。

5．电子教案，学教通用

每本书都提供了和章节配套的电子教案（PPT）。对于学生来说，电子教案可以作为学习笔记使用，是知识点的浓缩和重点内容的记录。由于本套图书可以作为高校相关课程的教材或课外辅导书，所以可以方便教师教学使用。读者可以通过扫描对应章节的二维码，下载或在线观看电子教案。本书为部分章节提供了一些扩展文章，也可以通过扫描二维码的方式下载或在线观看。

6．实时测试，寓学于练

每章最后都提供了专门的测试习题，供读者检验所学知识是否牢固掌握。通过扫描测试习题对应的二维码，可以查看答案和详细的讲解。

7．技术支持，服务到位

为了帮助读者学到更多的 HTML5 技术，在兄弟连论坛（bbs.itxdl.cn）中还可以下载常用的技术手册和所需的软件。笔者及兄弟连 IT 教育（新三板上市公司，股票代码：839467）的全体讲师和技术人员也会及时回答读者的提问，与读者进行在线技术交流，并为读者提供各类技术文章，帮助读者提高开发水平，解决读者在开发中遇到的疑难问题。

本套图书的读者群

- ➢ 有审美，喜欢编程，并且怀揣梦想的有志青年。
- ➢ 打算进入前端编程大门的新手，阶梯递进，由浅入深。
- ➢ 专业培训机构前端课程授课教材，有体系地掌握全部前端技能。

- ➢ 各大院校的在校学生和相关的授课老师，课件、试题、代码丰富实用。
- ➢ 前端页面、Web APP、网页游戏、微信公众号等开发的前沿程序员，是专业人员的开发工具。
- ➢ 其他方向的编程爱好者，需要前端技术配合，或转向前端开发的程序员。

参与本书编写的人员还有胡宏运、刘滔和李明，在此一并表示感谢！

2017 年 8 月

目录 CONTENTS

第 1 章 鸟瞰 HTML5 1
1.1 原生还是混合 1
1.1.1 原生应用的优缺点 2
1.1.2 混合应用的优缺点 2
1.2 移动端 Web 站点和原生应用 3
1.2.1 构建移动端解决方案 3
1.2.2 建立成功的移动端方案 4
1.3 Web API 和 APP 组件开发 5
1.3.1 面向 API 方式的开发方式 6
1.3.2 组件化自动化构建 7
1.3.3 未来展望 7
1.4 本章总结 8

第 2 章 HTML5 bMap 地理位置与服务 9
2.1 基本知识之经纬度 9
2.2 bMap JavaScript API 实例之 Hello bMap 10
2.2.1 创建账户和申请密钥 10
2.2.2 Hello bMap 应用 12
2.3 应用 bMap JavaScript API 14
2.3.1 实例之添加定位控件 14
2.3.2 实例之步行路线 16
2.3.3 实例之驾车路线 19
2.3.4 实例之公交路线 21
2.3.5 实例之本地搜索 22

2.4	本章总结	24
	练习题	25

第3章 HTML5 本地存储 26

3.1 Web Storage API 26
- 3.1.1 使用 Web Storage API 的好处 26
- 3.1.2 浏览器客户端常用的存储数据方式 27
- 3.1.3 简单存储实例 27

3.2 Web Storage 的常用方法 29
- 3.2.1 setItem()与 getItem()方法的使用 29
- 3.2.2 key()方法的使用 29
- 3.2.3 removeItem()和 clear()方法的使用 31

3.3 实例：幻灯播放 32
- 3.3.1 impress 的介绍与下载 32
- 3.3.2 效果与代码清单 33
- 3.3.3 impress.js 的主要方法 35

3.4 本章小结 36
练习题 37

第4章 HTML5 Canvas API 应用 38

4.1 什么是 Canvas 38
- 4.1.1 Canvas 的由来 38
- 4.1.2 Canvas 的概念 39

4.2 如何使用 Canvas 40
- 4.2.1 使用 Canvas API 的基本知识 40
- 4.2.2 检测浏览器是否支持 Canvas 41
- 4.2.3 Canvas 与 CSS 的关系与应用 43

4.3 使用 Canvas 绘制矩形的对角线 45
- 4.3.1 HTML 代码实例 45
- 4.3.2 思路分析 48

4.4 使用 Canvas API 绘制圆 48
- 4.4.1 绘制圆的参数说明 48
- 4.4.2 绘制圆的 HTML 代码清单 49
- 4.4.3 绘制圆的效果图 50

目录 CONTENTS

- 4.5 使用 Canvas API 绘制矩形 ... 51
  - 4.5.1 绘制矩形的参数说明 ... 51
  - 4.5.2 绘制矩形的 HTML 代码 ... 51
  - 4.5.3 绘制矩形的效果图 ... 52
- 4.6 使用 Canvas 绘制时钟的实例 ... 53
  - 4.6.1 绘制时钟的原理 ... 53
  - 4.6.2 绘制时钟的 HTML 代码清单 ... 53
  - 4.6.3 绘制时钟的效果图 ... 57
- 4.7 本章总结 ... 57
  - 练习题 ... 58

第 5 章 HTML5 中的 WebSocket 的应用 ... 60
- 5.1 认识 WebSocket API ... 60
  - 5.1.1 简单理解 WebSocket ... 60
  - 5.1.2 WebSocket 协议和 HTTP 的不同 ... 61
- 5.2 WebSocket 和 HTTP 会话演示 ... 64
  - 5.2.1 HTTP 的会话演示 ... 64
  - 5.2.2 WebSocket 的会话演示 ... 64
  - 5.2.3 浏览器的支持情况 ... 65
  - 5.2.4 WebSocket 的 API 常用的方法和属性 ... 65
- 5.3 经典案例：WebSocket 聊天室 ... 66
  - 5.3.1 服务器代码片段 ... 67
  - 5.3.2 HTML 界面代码片段 ... 69
  - 5.3.3 客户端的实现 ... 72
  - 5.3.4 效果演示和详解 ... 75
- 5.4 本章总结 ... 78

第 6 章 FileReader API 的引用 ... 79
- 6.1 FileReader API 的概念 ... 79
- 6.2 FileReader API 的相关方法 ... 80
  - 6.2.1 readAsText()方法 ... 80
  - 6.2.2 readAsDataURL()方法 ... 80
  - 6.2.3 readAsBinaryString()方法 ... 81
  - 6.2.4 readAsArrayBuffer()方法 ... 81

6.2.5 abort()方法	81
6.3 实例：读取文本内容	81
6.3.1 思路分析	81
6.3.2 HTML 文档代码片段	82
6.3.3 JavaScript 代码片段	83
6.3.4 简单的 CSS 代码片段	84
6.3.5 必要属性和事件驱动	84
6.4 实例：读取图像文件	86
6.4.1 JavaScript 代码片段	86
6.4.2 HTML 代码片段	86
6.4.3 CSS 代码片段	88
6.4.4 思路梳理	88
6.5 本章总结	90
练习题	90
第 7 章 HTML5 拖放 API	**92**
7.1 DOM 和 CSS 实现的类似拖放功能的弊端	92
7.2 拖放 API 的概念	93
7.3 拖放 API 的事件和说明	94
7.4 拖放 API 的使用	94
7.5 实例 1：经典列表拖放	95
7.6 实例 2：文件拖放	98
7.7 本章总结	101
练习题	101
第 8 章 Apache Cordova 简介	**103**
8.1 Cordova 或 PhoneGap	103
8.1.1 Cordova 的由来	104
8.1.2 Cordova 和 PhoneGap 的区别	105
8.1.3 Cordova 的特点	105
8.1.4 注意事项	106
8.2 搭建 Cordova 环境	106
8.2.1 安装 Node.js	106
8.2.2 安装和使用 Node.js 版本管理工具	110

8.3 安装使用 Cordova 113
8.3.1 安装 Cordova 到系统中 113
8.3.2 使用淘宝的镜像 114
8.3.3 创建第一个 Cordova APP 115
8.3.4 项目目录的结构讲解 117
8.3.5 单页面应用 118
8.4 本章总结 121
练习题 122

第 9 章 Cordova 的真机调试和必备知识 123
9.1 JDK 的安装与配置 123
9.1.1 在 Mac OS X 上安装 JDK 124
9.1.2 在 Windows 平台上安装 JDK 125
9.1.3 测试 Java 是否安装成功 126
9.1.4 在 Windows 平台上配置环境变量 126
9.2 Android Studio 的下载与安装 129
9.2.1 Mac 上 Android Studio 的下载与安装 129
9.2.2 Windows 上 Android Studio 的下载与安装 130
9.3 Android Studio 的 SDK 包的管理 131
9.3.1 安装必要的 SDK 131
9.3.2 单例模式下运行 SDK Manager 132
9.4 安卓真机的运行与调试 133
9.4.1 创建一个名为 HelloAndroid 的 APP 133
9.4.2 添加安卓平台 133
9.4.3 查看编译环境 134
9.4.4 编译安卓应用 134
9.4.5 安装到安卓手机并运行 135
9.5 苹果手机的真机调试 136
9.5.1 新建一个名为 hello 的 APP 136
9.5.2 打开 Xcode，加载项目 137
9.5.3 编译和安装 hello 项目 137
9.5.4 重新打开手机上名为 hello 的 APP 138
9.6 Cordova 编辑器小知识 139
9.6.1 SublimeText3 139
9.6.2 WebStorm 140

9.7	本章总结	141
	练习题	141

第 10 章　Cordova 开发基础 ... 143

10.1	什么是 flexbox	143
10.2	理解 flexbox 布局模型	144
10.3	深入理解伸缩容器的属性	145
	10.3.1　display 属性	146
	10.3.2　flex-direction 属性	147
	10.3.3　flex-wrap 属性	150
	10.3.4　flex-flow 属性	153
	10.3.5　justify-content 属性	155
	10.3.6　align-items 属性	159
	10.3.7　align-content 属性	164
10.4	深入理解伸缩项目的属性	170
	10.4.1　order 属性	171
	10.4.2　flex-grow 属性	172
	10.4.3　flex-shrink	174
	10.4.4　flex-basis 属性	175
	10.4.5　flex 属性	177
	10.4.6　align-self 属性	178
10.5	本章总结	184
	练习题	185

第 11 章　Cordova 中的事件处理 ... 186

11.1	关于 Cordova 生命周期	186
	11.1.1　认识程序的生命周期	186
	11.1.2　理解 Cordova 生命周期中的事件	188
11.2	Cordova 生命周期事件的使用	191
	11.2.1　Cordova 的生命周期中的程序加载状态事件	191
	11.2.2　Cordova 生命周期中的设备状态事件	195
	11.2.3　Cordova 生命周期中的用户主动触发事件	197
11.3	本章总结	201
	练习题	201

第 12 章　Cordova 地理位置信息服务 203

12.1　Geolocation API 的使用 203
12.1.1　获取设备的地理位置信息 204
12.1.2　获取设备坐标的实例 204
12.2　监听设备信息变化 207
12.2.1　监听设备地理位置实例 207
12.2.2　监听地理位置信息变化参数分析 210
12.3　本章总结 210
练习题 211

第 13 章　Cordova 设备方向 API 213

13.1　获取当前设备的方向案例 213
13.2　监测当前设备的位置信息 217
13.3　仿微信摇一摇功能的实例 219
13.4　本章总结 222
练习题 223

第 14 章　Cordova 中的多媒体 225

14.1　播放远程音乐 225
14.2　暂停音乐播放 231
14.3　停止音乐播放 233
14.4　追踪显示播放进度 235
14.5　从指定的位置播放 237
14.6　录制声音与播放声音 239
14.7　资源与性能优化 241
14.8　本章总结 242
练习题 242

第 15 章　Cordova 中的内置浏览器 244

15.1　认识内置浏览器 244
15.2　第一个简单的实例 245
15.3　第二个实例：自定义 URL 247
15.4　本章总结 250
练习题 250

第 16 章 Cordova 中的数据库存储 252

16.1 Cordova 中的本地存储 252
16.1.1 Web 端的本地存储 252
16.1.2 Cordova 应用中的本地存储 255

16.2 Cordova 中的数据库 256
16.2.1 认识 Cordova 中的 SQLite API 258
16.2.2 使用 SQLite SQL 258

16.3 本章总结 263
练习题 263

第 17 章 Cordova 中的 Device Motion API 265

17.1 使用加速传感器 265
17.1.1 加速度的概念 265
17.1.2 获取当前加速度的实例 266

17.2 监控设备的加速度 268
17.2.1 如何监控当前设备的加速度 268
17.2.2 监测当前设备加速度的实例 269
17.2.3 深入理解"加速度" 271
17.2.4 哪些场景可以应用加速传感器 272

17.3 本章总结 275
练习题 275

第1章

鸟瞰 HTML5

移动端的生态体系已经产生并且蓬勃发展，产生了革命性的变革，大量的开发者涌入了移动端应用开发，大约60%的流量产生于移动端，移动端购物已经成为家常便饭。据不完全统计，在2016年全球的流量中，移动端占据60%的份额，全球移动化趋势更为火热，催生出的开发方式越来越向敏捷式、热更新、组件化的方向前进。HTML5及以后的版本将会有更广泛的应用，因为HTML5正转向混合式的开发。

本章，我们畅言HTML5的未来，希望本章的内容能够将读者带入HTML5更为绚丽多彩的新大门。

本章二维码

本章二维码里面包括：
1. 本章的学习视频；
2. 本章所有实例演示结果；
3. 本章资源包（包括本章所有代码）下载；
4. 本章的扩展知识。

1.1 原生还是混合

1.1.1 原生应用的优缺点

1. 缺点

因为种种原因，原生的开发方式逐渐不能适应市场的频繁需求，用户的需求呈指数式增长，原生应用随着新移动设备和操作系统不断发展，使商业公司和企业不断承受着来自版本迭代和需求更改方面的压力。因而商业公司的开发者承受着更大的压力，但是这个问题在HTML5真正广泛应用之前并没有得到很好的解决，很多开发者不得不顶着巨大的压力实现需求和版本的更新，但仍然无法构建符合需求的应用程序。

2. 优点

原生应用自被广泛应用开始，带给用户的就是非常流畅的用户体验，实际上就是应用使用的组件都依赖于移动设备的原生组件，如果说原生的移动平台架构是汽车，那么原生应用就是原厂的发动机，非常有力，很少有不契合的问题。同样地，我们在实现很多较为复杂的逻辑的时候，也不得不需要原生的解决方案，笔者之前使用过混合的开发方式去开发一些应用，但是，一些比较复杂的实现有时很难采用混合的方式来完成，因此，使用原生的方式处理这些问题还是很必要的。

1.1.2 混合应用的优缺点

1. 优点

HTML5在市场中应用得越来越广泛，从嵌入式系统的开发到APP的开发，再到传统的Web项目开发，我们不得不承认HTML5的广泛应用给开发人员带来的便捷。随着硬件水平日新月异的发展和迭代，现在市场上的手机配置实际上都能够运行比较大型的应用，因此嵌入HTML5技术的APP和其他桌面级的应用的用户体验已经非常接近于原生了。现在的支付宝、钉钉、美团、京东等用户群比较广泛，并且需要及时迭代产品的应用基本上都嵌入了HTML5，而且这些应用的流畅度是比较高的。同时，后期维护成本比较低，需要的开发人员也比原生的开发人员少，这就在某种意义上为公司节省了成本。

2. 缺点

随着移动设备的使用量不断增加，实际上很多细节是非常需要利用原生的方式来实现的，使用混合的开发方式固然非常敏捷，然而在国内没有形成一套非常标准的体系，也没有一个非常标准的平台为开发者提供混合插件，这样的情况造成的后果很明显，例如，现在有两个开发者A和B，A来自公司C，B来自公司D，实际上公司C和D都有自己实现原生插件的一套系统，然而两家公司的标准和维护方式却大不相同，这就成为一个很难解决的问题。在中国，阿里云和其他的公司一样，提供的大多是 UI 框架，至于真正的插件的标准化和统一化提供，在中国很难迅速实现，希望这样的标准在未来能够实现。

1.2 移动端 Web 站点和原生应用

在过去的几年中，网络和应用开发者一直在争论是选择构建 HTML5 Web 应用程序还是本地移动应用程序。大多数移动应用开发者优先考虑使用 HTML5 构建应用，因为使用单个代码库可以轻松、快速地构建和更新应用。与此同时，本地应用程序倡导者却认为，和基于浏览器的 Web APP 相比，为每个操作系统构建本地 APP 有助于使 APP 在外观和功能方面更好。

但是，HTML5 和本机应用程序都存在问题。随着设备和操作系统的数量不断增加，为每个新设备或操作系统创建不同版本的本机应用程序可能是一项压倒一切和具有挑战性的工作。另外，HTML5 无法满足使用离线功能和动画工具构建应用程序的期望。

1.2.1 构建移动端解决方案

在此之前，我们需要转变观念，正在读这本书的读者应该明确的事情就是转变观念，也许很多企业的开发团队曾经都有这样的观念：移动端的设计和解决方案不是最重要的。实际上，这种观念是错误的。请记住，移动端对任何与销售商品有关的人都有深远的影响。

假如你是一名顾客，那么在你外出想吃午餐的时候，你如何寻找餐厅呢？现在移动端设备将会指导你找到你想去的餐厅的位置，甚至可以帮助你决定吃什么。

今天，几乎每个人都使用移动设备（在理想情况下是使用智能手机）做一切（除了工作）的事情，一旦我们不能使用手机了，就很容易变得沮丧，并且转到第一个帮助我们满足需求的产品。

现在读者应该思考做些什么，或许你想不出一个所以然，这就是症结所在。你需要明白，移动端不仅仅是有一个响应式的站点那么简单，随着很多应用逐渐从小屏幕的移动设备来获取和生活息息相关的信息开始，响应式站点并不能实时将消息推送给移动用户。

这并不是让读者忽略构建一个移动端的响应式站点，但构建 Web APP 或本地 APP 证明了一个可行的选择，那就是做到你的站点内容能够让大量的移动设备用户快速访问，并且你的站点必须启用手势触摸功能，这一点非常重要。但是，要决定构建 HTML5 网络应用程序还是本机应用程序，必须先了解目标用户的使用习惯，然后才是如何通过移动设备高效管理你的业务，如图 1-1 所示。

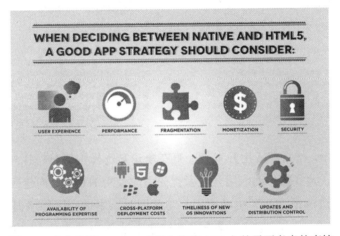

图 1-1　决定使用 HTML5 或原生构建 APP 之前需要考虑的事情

1.2.2　建立成功的移动端方案

基本上，了解用户使用或想要使用移动设备与你如何进行互动非常重要。只有在分析了用户的需求之后，你才能想出一个能够满足移动用户不断变化的需求的解决方案。

简而言之，虽然 HTML5 可以快速构建高度互动的移动应用，但它不提供任何独特的功能帮助用户实现预期的移动体验。相反，本地原生 APP 能够让用户最大化地利用原生功能，但是当用户定位多个设备开发时，开发本地原生 APP 可能会很麻烦。

然而，HTML5 网络应用程序与本地移动应用程序的战斗已经结束了，Gartner 公司进行的一项研究表明：

"混合应用程序提供基于 HTML5 的 Web APP 程序和本地 APP 之间的平衡，在 2016 年的使用超过了 50%的移动应用程序。"

本质上，混合应用程序将弥合 Web APP 和本地 APP 之间存在的差距。混合应用程序基本上是一个使用 HTML5 和 JavaScript 网络技术构建的网络应用程序，并提供对本机原生 API 的访问，如图 1-2 所示。

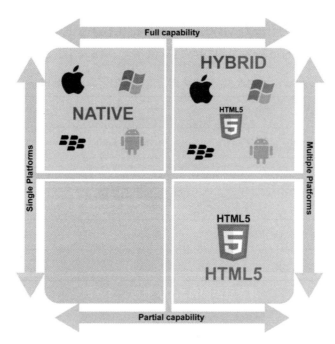

图 1-2 Web APP 和原生、混合之间的区分

移动端的技术架构正在影响很多企业架构使用的战略,以获取关键的竞争优势。随着"穿戴设备"的兴起,很多大的企业都在寻找支持多个平台的方法。很多企业都想在多个平台下使用移动应用,用来解决穿戴设备的支持问题。

然而,现在很多用户感兴趣的方面,例如录音功能、加速器功能等正在兴起,这些功能都会内置在 APP 的上下文中,这就迫使开发人员考虑使用混合 APP 和本地原生 APP 架构来构建移动应用程序。

因此,很多企业的开发人员正在寻求使用混合 APP 的开发方式来代替 Web APP 的开发,其实,企业需要构建可以跨越所有平台的移动应用,并且要能够与原生设备捆绑在一起。

这样的目标都可以在混合 APP 的帮助下完成,它是一个基于 HTML5 的 Web 应用程序,使用移动应用程序开发平台(如 Cordova)封装在原生应用容器中。

1.3 Web API 和 APP 组件开发

随着越来越多的消费者从基于网络的 Web 浏览器转移到移动应用来完成多个在线活动,投身移动 APP 的开发是一件非常好的事情,最重要的是,大量的企业正在寻求采用混合移动应用程序来最大限度地提高企业移动端的优势。事实上,2016 年,超过 50%的企业部署的应用程序是混合应用程序。

此外，HTML5 将成为开发移动应用程序的标准工具。下面将比较 HTML5、原生应用（Native）、混合应用（Hybrid）之间的特点，以供参考，如表 1-1 所示。

表 1-1 HTML5、原生应用、混合应用访问设备的区别

特点/平台	原生应用	混合应用	HTML5
图形	原生 APIs	HTML、Canvas、SVG	HTML、Canvas、SVG
表现	快	慢	慢
原生视觉和感觉	原生	仿真	仿真
发布	App Store（应用商店）	App Store（应用商店）	Web
设备访问			
相机	是	是	否
提示消息	是	是	否
联系人、日历	是	是	否
离线存储	安全文件存储	Shared SQL	安全文件系统，Shared SQL
本地位置信息	是	是	是
手势			
滑动	是	是	是
压力传感	是	是	否
可连接性	离线或在线	离线或在线	大部分时间在线
开发技巧	Object-C、Java	HTML5、CSS、JavaScript	HTML5、CSS、JavaScript

1.3.1 面向 API 方式的开发方式

不论构建何种类型的 APP，我们都能使用面向 API（应用程序编程接口）的方式开发。事实上，本书第一部分讲解的是如何使用几个比较常用的 HTML5 高级 API 进行正常项目的开发，第二部分是告诉读者如何使用 Cordova 构建混合 APP，这两个部分分别讲解了面向 API 开发高效率 APP 和使用 Cordova 构建本地 APP 的方式。

本书根据 WebKit 的官方网站（https://webkit.org/status/）调整了相应高级的 API 的章节，官网已经移除的 API 本书不再进行讲解，移除的 API 如下：

- Battery Status API。
- MicroData。
- Shared Web Workers。

使用面向 API 的开发方式，开发者不需要懂得接口的源码编写，以及理解内部的工作机制，就能使用完善的功能，这就是第 1 章需要给读者讲解的。同样地，对于即将要移除的 API 笔者也不会进行讲解，即将移除的 API 如下：

- Beacon API。
- Conic Gradient。
- CSS Painting API Level 1。
- ImageBitmap。
- equestdleCallback。
- Service Workers。
- Subresource Integrity。
- ViewportApi。
- Web Animations。
- Web App Manifest。

1.3.2 组件化自动化构建

因为本书的特殊性，本书的第二部分将会给读者讲解如何使用 Cordova 构建离线混合 APP，但是编写本书的目的不仅仅是为了讲解如何使用 Cordova 的 API 来构建具有某些功能的混合 APP，还要讲解面向 API 的移动开发的策略及自动化构建的策略。

现在基于 nodejs 的自动化构建程序有很多，cordova-CLI（命令行工具）实际上也属于自动化构建工具的一种，组件化开发方式的流行，如 grunt、gulp、yeoman、compass、Sass、Less 等工具，都提高了我们的开发效率，使用 Cordova 命令行工具构建混合 APP 及调用官方 API，并使用其中的常用方法实现常用功能，是本书第二部分的重点。

1.3.3 未来展望

因为类似 React 这样的组件化开发方式和类似 grunt 的自动化构建工具的大量应用，前端开发的方式发生了翻天覆地的变化，中国大量的前端开发人员迎来了一个新的时代，这是一个技术大爆炸的时代，作为生活在这个时代的开发者，一起促进中国 IT 的发展是我们的责任和义务。

1.4 本章总结

本章我们认识了 HTML5 的 Web APP、混合 APP、原生 APP，并比较了它们之间的不同。在此，我们应该能够清楚地意识到，如何使用前端技术开发属于自己的应用，不管是移动端还是 Web APP。通过梳理本章的知识点，相信读者们都能够对自己的职业发展有一定的思考。在这里，祝愿每位读者都能够通过本书获取想要的知识。

本章资源包

本章扩展知识

第2章

HTML5 bMap 地理位置与服务

众所周知，地理位置（Geolocation）是 HTML5 的重要特性之一。现在大都应用场景都基于 LBS(基于位置服务)。其中，最常用的 LBS 的 API 是百度地图的 JavaScript API，它可以使用少量的代码创建出确定用户详细地理位置信息的 Web 富文本应用。例如，现在的滴滴打车、饿了么、美团等。

本章二维码里面包括：
1. 本章的学习视频；
2. 本章所有实例演示结果；
3. 本章习题及其答案；
4. 本章资源包（包括本章所有代码）下载；
5. 本章的扩展知识。

本章二维码

2.1 基本知识之经纬度

平时大家使用的手机导航的定位系统，其实就是根据地球的经纬度的值来判断用户的具体位置的，然后为用户提供导航和周边生活信息等服务。下面，让我们来认识一下相关的概念吧。

1. 经纬度

经纬度是指经度与纬度共同组成一个坐标系统，又称为地理坐标系统。它是一种利用三度空间的球面来定义地球上的空间的球面坐标系统，能够标示地球上的任何一个位置。

2. 经度

经度是指地球上的一点距本初子午线的南北方向走线以东或以西的度数。本初子午线的

经度是 0°，地球上其他地点的经度是向东到 180°或向西到 180°。不像纬度有赤道作为自然起点，经度没有自然起点，而是使用经过伦敦格林尼治天文台旧址的子午线作为起点。东经 180°即西经 180°，约等同于国际日期变更线。国际日期变更线两边的日期相差一日。

3. 纬度

纬度是指某点与地球球心的连线和地球赤道面所成的线面角，其数值为 0～90°。位于赤道以北的点的纬度叫北纬，记为 N；位于赤道以南的点的纬度叫南纬，记为 S。

4. 海拔

海拔是指某地点与海平面的高度差，是现时量度一个地方的高度标准。

2.2 bMap JavaScript API 实例之 Hello bMap

未来的世界是物联网的世界，而交通物联与我们的日常生活密不可分，我们可以借助 bMap JavaScript API 开发出很多基于位置服务的 Web APP 或原生 APP 应用。

虚拟和现实世界将变得更加和谐。

让我们一起来看看 bMap JavaScript API 有哪些需要了解和掌握的知识吧。

2.2.1 创建账户和申请密钥

首先我们来访问一下百度地图开放平台的官网地址，地址如下：

http://lbsyun.baidu.com/

如果读者没有注册过百度账号，需要先进行注册；如果读者已经注册了百度账号，可以直接进行登录操作。登录之后，按照登录界面的提示找到百度地图的 JavaScript API。

进入百度地图的 JavaScript API 首页之后，读者可单击申请密钥，申请的密钥可以直接在 Web JavaScript API 正常使用。需要注意的是，在原生和混合 APP 的开发过程中，某些功能需要百度地图开发者认证才能使用。例如用到的地点搜索功能（见图 2-1），点击"获取密钥"按钮，页面会跳转到百度地图开发者的 API Console 页面。

在此，读者可以使用 API Console 界面的创建应用功能，创建一个应用实例。图 2-2 所示为 API Console 的界面，点击"创建应用"按钮，页面会跳转到创建应用的界面，如图 2-3 所示。在创建应用界面，读者应按照提示填写应用名称、应用类型等信息，并按照需求勾选所需启用的服务，然后点击提交即可。

创建完成之后，点击查看应用列表。在此界面中，可以对每个已经创建的应用进行设置或删除，当然，也包括备注信息。

第 2 章　HTML5 bMap 地理位置与服务

图 2-1　百度地图的 JavaScript API 首页

图 2-2　API Console 的界面

图 2-3　创建应用界面

2.2.2　Hello bMap 应用

下面笔者写一个最简单的例子帮助读者快速理解百度地图应用：以天安门广场为中心的地图案例。

新建一个 HTML 文件，读者可以使用任意编辑器打开它，并在编辑器中输入 HTML 代码。在 HTML 文档中，引用百度地图的 API，将 JavaScript 代码直接放在引用 API 的下面。

（1）文档声明依然采用 HTML 的声明方式，代码片段如下：

```
<!DOCTYPE html>
```

（2）通过添加对应的 meta 标签，使本页面兼容移动端的展示，代码片段如下：

```
<meta name="viewport" content="initial-scale=1.0, user-scalable=no" />
```

接下来看看 HTML 代码的主体部分，代码片段如下：

```
1  <!DOCTYPE html>
2  <html>
3  <head>
4      <meta http-equiv="Content-Type" content="text/html; charset=utf-8" />
5      <meta name="viewport" content="initial-scale=1.0, user-scalable=no" />
6      <style type="text/css">
7      body, html,#bMap {width: 100%;height: 100%;overflow:
       hidden;margin:0;font-family:"微软雅黑";}
```

```
 8      </style>
 9      <title>hello</title>
10  </head>
11  <body>
12      <div id="bMap"></div>
13  </body>
14  </html>
15  <script type="text/javascript" src="
    http://api.map.baidu.com/api?v=2.0&ak=T5h8ycn1XF3ZOhwb3rk6GiEt"></script>
```

为了和官方的例子一致,笔者直接将本例的 CSS 样式代码写到了 head 标签中。到目前为止,基本的 HTML 代码已经完成,接下来可以直接在 JavaScript 的代码中实例化一个 bMap 对象,同时使用创建的对象完成地图的渲染。JavaScript 代码片段如下:

```
16  <script type="text/javascript">
17      /*创建 bMap实例*/
18      var map = new BMap.Map("bMap");
19      /*初始化地图,设置中心点坐标和地图级别*/
20      map.centerAndZoom(new BMap.Point(116.404, 39.915), 11);
21      /*添加地图类型控件*/
22      map.addControl(new BMap.MapTypeControl());
23      /*此选项必须设置,地图显示的城市 */
24      map.setCurrentCity("北京");
25      /*开启鼠标滚轮缩放*/
26      map.enableScrollWheelZoom(true);
27  </script>
```

打开浏览器,并运行当前的 HTML,就可以看到地图的实际效果了。

(3) 添加对应的样式,使整个地图充满浏览器的窗口。注意样式中的 margin:0,这会去除浏览器默认的元素的 margin 值。示例代码片段如下:

```
body, html,#bMap {
width: 100%;
height: 100%;
overflow: hidden;
margin:0;
font-family:"微软雅黑";
}
```

(4) 引用文件的形式为 2.0 版本,示例代码片段如下:

```
<script type="text/javascript" src="http://api.map.baidu.com/api?v=2.0&ak=您的密钥"></script>
```

(5) 创建地图需要一个 HTML 元素,且这个元素可以由读者自定义,这里笔者使用 div 元素,代码片段如下:

```
<div id="bMap"></div>
```

(6) 使用关键字 new 创建一个地图实例,代码片段如下:

```
var map = new BMap.Map("bMap");
```

这里的参数,笔者选择使用 id 为 bMap 的元素,当然也可以使用元素对象。

细说 HTML5 高级 API

注意：

使用该构造函数需要确定所需的容器元素已经存在。

（7）设置地图中心点坐标，并设置地图的缩放级别，代码片段如下：

map.centerAndZoom(new BMap.Point(116.404, 39.915), 11);

（8）设置地图的当前类型控件，方便改变地图类型，代码片段如下：

map.addControl(new BMap.MapTypeControl());

（9）设置地图显示的城市，这一步骤为必选项，代码片段如下：

map.setCurrentCity("北京");

（10）开启地图的鼠标滚轮缩放，代码片段如下：

map.cnablcScrollWheelZoom(true);

2.3 应用 bMap JavaScript API

通过之前 Hello bMap 的学习，读者们知道了 bMap JavaScript API 是如何获得地理信息数据的，接下来学习如何使用相关的 bMap API。

2.3.1 实例之添加定位控件

在一个以地图为核心的项目中，定位是必不可少的，为了简单地获取用户的当前位置，我们使用的 bMap JavaScript API 不需要放在服务器上即可使用。

在之前的例子中并没有添加相应的控件，那么如何添加缩放和定位控件呢？下面先来看看 HTML 代码的片段：

```html
<!DOCTYPE html>
<html>

<head>
    <meta http-equiv="Content-Type" content="text/html; charset=utf-8" />
    <meta name="viewport" content="initial-scale=1.0, user-scalable=no" />
    <style type="text/css">
    body,
    html {
        width: 100%;
        height: 100%;
        margin: 0;
        font-family: "微软雅黑";
    }
```

```css
16      #bMap {
17          width: 100%;
18          height: 100%;
19      }
20
21      p {
22          margin-left: 5px;
23          font-size: 14px;
24      }
25      </style>
26      <script type="text/javascript" src="
        http://api.map.baidu.com/api?v=2.0&ak=T5h8ycn1XF3ZOhwb3rk6GiEt"></script>
27      <title>定位相关控件</title>
28 </head>
29
30 <body>
31      <div id="bMap"></div>
32 </body>
33
34 </html>
```

在之前的代码中,笔者通过配置相关的配置项就可以展示所需位置的地理地图,现在笔者还可以通过 JavaScript 代码增加相关的配置项,以实现定位控件和缩放控件。JavaScript 代码片段如下:

```javascript
35 <script type="text/javascript">
36 /*创建 bMap实例*/
37 var map = new BMap.Map("bMap");
38 map.centerAndZoom(new BMap.Point(116.404, 39.915), 11);
39 /*添加带有定位的导航控件*/
40 var navigationControl = new BMap.NavigationControl({
41 /*靠左上角位置*/
42      anchor: BMAP_ANCHOR_TOP_LEFT,
43 /*LARGE类型*/
44      type: BMAP_NAVIGATION_CONTROL_LARGE,
45 /*启用显示定位*/
46      enableGeolocation: true
47 });
48 map.addControl(navigationControl);
49 /*添加定位控件*/
50 var geolocationControl = new BMap.GeolocationControl();
51 geolocationControl.addEventListener("locationSuccess", function(e) {
52 /*定位成功事件*/
53      var address = '';
54      address += e.addressComponent.province;
55      address += e.addressComponent.city;
56      address += e.addressComponent.district;
57      address += e.addressComponent.street;
58      address += e.addressComponent.streetNumber;
59      alert("当前定位地址为: " + address);
60 });
61 geolocationControl.addEventListener("locationError", function(e) {
62 /*定位失败事件*/
63      alert(e.message);
64 });
65 map.addControl(geolocationControl);
66 </script>
```

通过以上的代码片段,读者来理解一下 JavaScript 部分的代码。

在上一个例子中,我们已经知道了如何使用 new 关键字新建一个实例,下面我们还是通过实例来进行阐述。

(1)使用 new 关键字创建一个实例,代码片段如下:

```
var map = new BMap.Map("bMap");
```

(2)设置地图中心位置及地图缩放等级,代码片段如下:

```
map.centerAndZoom(new BMap.Point(116.404, 39.915), 11);
```

(3)添加带有定位的导航控件,代码片段如下:

```
var navigationControl = new BMap.NavigationControl({
/*靠左上角位置*/
    anchor: BMAP_ANCHOR_TOP_LEFT,
/*LARGE 类型*/
    type: BMAP_NAVIGATION_CONTROL_LARGE,
/*启用显示定位*/
    enableGeolocation: true
});
```

在上面的代码中,读者可自定义导航控件的位置,BMAP_NAVIGATION_CONTROL_LARGE 表示显示完整的平移缩放控件。

(4)添加定位控件,代码片段如下:

```
var geolocationControl = new BMap.GeolocationControl();
geolocationControl.addEventListener("locationSuccess", function(e) {
/*定位成功事件*/
    var address = '';
    address += e.addressComponent.province;
    address += e.addressComponent.city;
    address += e.addressComponent.district;
    address += e.addressComponent.street;
    address += e.addressComponent.streetNumber;
    alert("当前定位地址为:" + address);
});
geolocationControl.addEventListener("locationError", function(e) {
/*定位失败事件*/
    alert(e.message);
});
```

在上述代码中,先使用 new 关键字实例化了一个 geolocationControl 对象,接着使用这个对象的两个监听方法监听是否定位成功,定位成功弹出当前的位置;定位不成功则弹出定位失败的信息。

2.3.2 实例之步行路线

在日常生活中,大家离不开便捷的手机导航和手机定位,关于手机的部分,笔者将会在后面的章节进行讲解。本章是为了让读者熟悉百度地图的 JavaScript API 的使用方式。这个例子是大家经常在手机上使用的功能——步行导航，假设你现在在故宫，想要去往兄弟连 IT 教育，有可能使用步行导航规划，还有可能使用驾车导航规划。下面就来看看步行导航规划。

（1）HTML 主体代码的片段如下：

```
<div id="b-map"></div>
<div id="b-result"></div>
```

在 body 中创建两个 div HTML 元素，分别加上对应的 id 值，id 为 b-map 的 DOM 节点用来实例化显示地图，id 值为 b-result 的 DOM 节点用来实例化结果面板显示路线详情。

在运行的效果图中，读者可以清晰地看到步行导航的路线和对应的结果面板，点击任意一个关键位置点，都可以获得这个位置的详细信息。

（2）完整的 HTML 代码片段如下：（steps_direction.html）

```
1  <html>
2
3  <head>
4      <meta http-equiv="Content-Type" content="text/html; charset=utf-8" />
5      <meta name="viewport" content="initial-scale=1.0, user-scalable=no" />
6      <style type="text/css">
7      body,
8      html {
9          width: 100%;
10         height: 100%;
11         margin: 0;
12         font-family: "微软雅黑";
13     }
14
15     #b-map {
16         height: 300px;
17         width: 100%;
18     }
19
20     #b-result,
21     #b-result table {
22         width: 100%;
23     }
24     </style>
25     <script type="text/javascript" src="
        http://api.map.baidu.com/api?v=2.0&ak=T5h8ycn1XF3ZOhwb3rk6GiEt"></script>
26     <title>步行导航（结果到面板）</title>
27 </head>
28
29 <body>
30     <div id="b-map"></div>
31     <div id="b-result"></div>
32 </body>
33
34 </html>
```

下面来看看其对应的 JavaScript 代码部分:

```
35  <script type="text/javascript">
36  /*百度地图API功能*/
37  var map = new BMap.Map("b-map");
38  map.centerAndZoom(new BMap.Point(116.404, 39.915), 11);
39  /*步行导航,提供步行出行方案的搜索服务。*/
40  var walking = new BMap.WalkingRoute(map, {
41  /*其中map指定了结果所展现的地图实例,*/
42  /*panel指定了结果列表的容器元素。*/
43      renderOptions: {
44          map: map,
45          panel: "b-result",
46          autoViewport: true
47      }
48  });
49  walking.search("回龙观", "兄弟连IT教育");
50  </script>
```

(3) 下面是 HTML 文件中对应的 CSS 代码, 笔者给了地图一个高为 300px、宽为 100%(满屏宽度)的样式, 给显示结果面板和里面的表格一个 100%的宽度, 其中 table 节点只有在生成结果的时候才能进行样式渲染。

```
body,html {
    width: 100%;
    height: 100%;
    margin: 0;
    font-family: "微软雅黑";
}
#b-map {
    height: 300px;
    width: 100%;
}
#b-result,#b-result table {
    width: 100%;
}
```

(4) 接下来看看本 HTML 代码中 JavaScript 的相关代码。

在 JavaScript 代码的第一行, 首先仍是通过 new 关键字实例化一个对象, 如下:

var map = new BMap.Map("b-map");

接着设置地图中心经纬度和地图的缩放等级, 如下:

map.centerAndZoom(new BMap.Point(116.404, 39.915), 11);

其次, 也是比较关键的一步: 实例化一个步行路线的对象, 在配置文件中制定地图的展示容器和搜索结果面板的容器, 如下:

var walking = new BMap.WalkingRoute(map, {
/*其中 map 指定了结果所展现的地图实例*/
/*panel 指定了结果列表的容器元素*/
    renderOptions: {
        map: map,
        panel: "b-result",

```
            autoViewport: true
    }
});
```

最后，调用 walking 对象的 search 方法，将出发地点和目标地点的位置通过参数传入。

2.3.3 实例之驾车路线

驾车路线是现在最常用的功能，在优步和滴滴打车的软件中这也是最核心的功能，搜索从出发点到目的地的路线时这一功能被反复使用。下面是一个简单的例子。

和之前的 HTML 代码示例相同，首先在文档中创建两个"容器"，用于显示地图和结果面板，如下：

```
<div id="bmap"></div>
<div id="bmap-result"></div>
```

和之前的样式类似，地图容器和结果面板显示的宽为 100%，如下：

```
#bmap {
    height: 300px;
    width: 100%;
}
#bmap-result,
#bmap-result table {
    width: 100%;
}
```

完整的 HTML 代码如下：

```
1  <html>
2
3  <head>
4      <meta http-equiv="Content-Type" content="text/html; charset=utf-8" />
5      <meta name="viewport" content="initial-scale=1.0, user-scalable=no" />
6      <style type="text/css">
7      body,
8      html {
9          width: 100%;
10         height: 100%;
11         margin: 0;
12         font-family: "微软雅黑";
13     }
14
15     #bmap {
16         height: 300px;
17         width: 100%;
18     }
19
20     #bmap-result,
21     #bmap-result table {
22         width: 100%;
23     }
24     </style>
```

细说 HTML5 高级 API

```
25    <script type="text/javascript" src="
      http://api.map.baidu.com/api?v=2.0&ak=T5h8ycn1XF3ZOhwb3rk6GiEt"></script>
26    <title>驾车路线</title>
27  </head>
28
29  <body>
30    <div id="bmap"></div>
31    <div id="bmap-result"></div>
32  </body>
33
34  </html>
```

HTML 文档中的 JavaScript 代码如下:

```
35  <script type="text/javascript">
36  var map = new BMap.Map("bmap");
37  map.centerAndZoom(new BMap.Point(116.404, 39.915), 12);
38  /*驾车导航,提供驾车出行方案的搜索服务*/
39  var driving = new BMap.DrivingRoute(map, {
40      renderOptions: {
41  /*地图显示容器*/
42          map: map,
43  /*搜索结果显示面板的容器*/
44          panel: "bmap-result",
45          autoViewport: true
46      }
47  });
48  /*搜索路线的出发点和目标点*/
49  driving.search("兄弟连IT教育", "平西王府");
50  </script>
```

下面对 JavaScript 的代码进行实例化分析。

(1) 实例化一个地图对象,如下:

var map = new BMap.Map("bmap");

(2) 设置地图中心经纬度和地图缩放等级:

map.centerAndZoom(new BMap.Point(116.404, 39.915), 12);

(3) 实例化一个汽车出行方案对象,并在配置项中选择地图容器和搜索结果面板的容器,如下:

```
/*驾车导航,提供驾车出行方案的搜索服务*/
var driving = new BMap.DrivingRoute(map, {
    renderOptions: {
/*地图显示容器*/
        map: map,
/*搜索结果显示面板的容器*/
        panel: "bmap-result",
        autoViewport: true
    }
});
```

（4）搜索出发点和目标点之间的驾车路线，如下：

```
/*搜索路线的出发点和目标点*/
driving.search("兄弟连 IT 教育", "平西王府");
```

2.3.4　实例之公交路线

公交是便利的交通工具之一，公交路线自然也非常重要，下面来看看公交线路的小例子。

下面是构建 HTML 的代码部分，样式和之前的样式相同，如下：

```
1  <html>
2
3  <head>
4      <meta http-equiv="Content-Type" content="text/html; charset=utf-8" />
5      <meta name="viewport" content="initial-scale=1.0, user-scalable=no" />
6      <style type="text/css">
7      body,
8      html {
9          width: 100%;
10         height: 100%;
11         margin: 0;
12         font-family: "微软雅黑";
13     }
14
15     #bmap {
16         height: 300px;
17         width: 100%;
18     }
19
20     #bmap-result,
21     #bmap-result table {
22         width: 100%;
23         font-size: 12px;
24     }
25     </style>
26     <script type="text/javascript" src="
       http://api.map.baidu.com/api?v=2.0&ak=T5h8ycn1XF3ZOhwb3rk6GiEt"></script>
27     <title>公交路线</title>
28 </head>
29
30 <body>
31     <div id="bmap"></div>
32     <div id="bmap-result"></div>
33 </body>
34
35 </html>
```

在本例中，HTML 文档的主体部分有两个容器，和之前的作用相同，分别是渲染地图和搜索结果面板。

（1）在 body 标签中创建以下两个 div 元素：

```
<div id="bmap"></div>
<div id="bmap-result"></div>
```

（2）CSS 的样式和之前的一样，以使读者能够容易理解，如下：

```
#bmap {
    height: 300px;
    width: 100%;
}
#bmap-result,
#bmap-result table {
    width: 100%;
    font-size: 12px;
}
```

在这里，读者依然需要注意 script 引用的 API，在之前的例子中，API 的 key 值最好自己登录并申请。

（3）实例化百度地图对象，如下：

```
var map = new BMap.Map("bmap");
```

（4）设置地图中心点的经纬度和地图缩放等级，如下：

```
map.centerAndZoom(new BMap.Point(116.404, 39.915), 12);
```

（5）实例化公交路线服务对象，如下：

```
/*公交导航，提供某一特定地区的公交出行方案的搜索服务*/
var transit = new BMap.TransitRoute(map, {
    renderOptions: {
    /*地图容器*/
        map: map,
    /*搜索结果容器*/
        panel: "bmap-result"
    }
});
```

（6）搜索出发点和目标点之间的公交路线，搜索的路线需要能在地图上显示，而且最好是附近的公交站点，如下：

```
/*搜索出发点和目标点之间的公交路线*/
transit.search("兄弟连 IT 教育", "中关村");
```

2.3.5 实例之本地搜索

想吃饭却不知道哪里有餐厅，想学 IT 却不知道去哪里，现在只需要按照下面的方法操作，地图就会告诉你具体的地址。

在运行的效果图上，用户通过关键字搜索就可以找到想去的地方，同时其历史条目也会显示出来。

看一下 HTML 部分的代码片段，如下：

```html
1  <html>
2
3  <head>
4      <meta http-equiv="Content-Type" content="text/html; charset=utf-8" />
5      <meta name="viewport" content="initial-scale=1.0, user-scalable=no" />
6      <style type="text/css">
7      body,
8      html {
9          width: 100%;
10         height: 100%;
11         margin: 0;
12         font-family: "微软雅黑";
13     }
14
15     #bmap {
16         height: 300px;
17         width: 100%;
18     }
19
20     #bmap-result {
21         width: 100%;
22     }
23     </style>
24     <script type="text/javascript" src="
        http://api.map.baidu.com/api?v=2.0&ak=T5h8ycn1XF3ZOhwb3rk6GiEt"></script>
25     <title>本地搜索</title>
26 </head>
27
28 <body>
29     <div id="bmap"></div>
30     <div id="bmap-result"></div>
31 </body>
32
33 </html>
```

下面来看一下 JavaScript 的代码片段，如下：

```javascript
34 <script type="text/javascript">
35 /*创建Map实例*/
36 var map = new BMap.Map("bmap");
37 map.centerAndZoom(new BMap.Point(116.404, 39.915), 11);
38 /*本地搜索，提供某一特定地区的位置搜索服务，比如在北京市搜索"公园"*/
39     var local = new BMap.LocalSearch(map, {
40         renderOptions: {
41             map: map,
42             panel: "bmap-result"
43         }
44     });
45 local.search("兄弟连");
46 </script>
```

（1）在 HTML 代码中，仍然是创建两个容器元素，分别用于存放地图和搜索结果面板，如下：

```html
<div id="bmap"></div>
<div id="bmap-result"></div>
```

（2）HTML代码中的样式也和之前的例子一样，如下：

```
#bmap {
    height: 300px;
    width: 100%;
}
#bmap-result {
    width: 100%;
}
```

（3）在JavaScript代码中先实例化一个bMap对象，如下：

```
/*创建Map实例*/
    var map = new BMap.Map("bmap");
```

（4）直接设置地图中心和地图缩放等级，如下：

```
map.centerAndZoom(new BMap.Point(116.404, 39.915), 11);
```

（5）实例化一个本地搜索对象，配置地图的相关参数，如下：

```
var local = new BMap.LocalSearch(map, {
    renderOptions: {
        map: map,
        panel: "bmap-result"
    }
});
```

（6）开启搜索，如下：

```
local.search("兄弟连");
```

2.4 本章总结

本章我们从经纬度讲解到bMap的JavaScript API的使用，并逐一讲解了API的使用方法。通过使用API，我们可以快速在Web端布局与地图相关的工具。

本章习题及其答案

本章资源包

练习题

一、选择题

1. 下列哪个方法可以设置地图中心点坐标，并设置地图的缩放级别（　　）。
   A．Map()　　　　　　　　　　B．center()
   C．centerAndZoom()　　　　　D．point()

2. 接入百度地图 API 哪个步骤不是必要的（　　）。
   A．注册百度账号　　B．申请密钥　　C．缴费　　D．启用服务

3. 以下哪个不属于百度地图 API 自带的功能（　　）。
   A．定位功能　　B．公交检索　　C．全景图展现　　D．实时景色

4. 下列对于赤道位置说法正确的是（　　）。
   A．经度是 0 度　　B．纬度是 0 度　　C．经度是 90 度　　D．纬度是 90 度

5. 以下哪个方法可以禁止鼠标拖曳地图（　　）。
   A．disableDragging()　　　　　　B．enableDragging()
   C．enableInertialDragging()　　　D．disableInertialDragging()

6. 以下哪个方法可以启用滚轮缩放（　　）。
   A．enableContinuousZoom()　　　B．enableScrollWheelZoom()
   C．enableDoubleClickZoom()　　　D．enablePinchToZoom()

7. 通过以下哪个类可以获取公交路线规划方案（　　）。
   A．Map()　　　　　　　　　　B．LocalSearch()
   C．WalkingRoute()　　　　　　D．TransitRoute()

8. 通过以下哪个类可以获取步行路线规划方案（　　）。
   A．Map()　　　　　　　　　　B．LocalSearch()
   C．WalkingRoute()　　　　　　D．TransitRoute()

9. 通过以下哪个方法可以绘制标注点（　　）。
   A．Point()　　B．Pixel()　　C．PointCollection()　　D．Marker()

10. 从官方网站哪一个选项中可以查看完整的地图方法说明（　　）。
    A．开发指南　　B．类参考　　C．示例 DEMO　　D．开源库

二、简答题

实现从当前位置到点（116.341326,40.108366）的路线规划。

第3章

HTML5 本地存储

在 HTML5 到来之前，大家经常会使用 Cookies 的形式来保存网页数据，但是这样保存的内容很少。在表单数据暂存中，经常会保存用户的相关数据，如密码、密钥、用户名等。现在 HTML5 提供了新的保存数据的办法，当然现在的 IE8 以上及 WebKit 内核的浏览器和安卓、iOS 平台全部支持这种存储方式。下面来看看如何使用这种比较新颖的存储方式。

本章二维码里面包括：
1. 本章的学习视频；
2. 本章所有实例演示结果；
3. 本章习题及其答案；
4. 本章资源包（包括本章所有代码）下载；
5. 本章的扩展知识。

3.1 Web Storage API

3.1.1 使用 Web Storage API 的好处

之前使用 Cookies 存储数据时不能进行大量存储，因为 Cookies 会在请求服务器的时候将信息或数据发送给服务器，导致带宽的浪费与加载网页的速度下降。然而在 HTML5 的页面交互中，我们往往只在需要向服务器传递关键性的信息或数据的时候才使用本地存储的数据。

同样地，在不同的浏览器中，Cookies 的局限性也很令开发者恼火。在 IE6 时代，Cookies 文件的大小被限制到了 5KB（一般为 4KB），在同一个域名下，只能存在 20 个 Cookies 文件，如果后续添加 Cookies 文件，之前的文件只能被挤掉，这就导致了网站访问的诸多问题，因此 Cookies 不能滥用。

在这个每天数据量爆炸的时代,我们需要更强大的数据存储方式来代替 Cookies,当然 HTML5 出现之前也有很多不同的代替方案,这里不再赘述,但这些方案往往需要程序员花费大量的精力来处理以前没有遇到的问题。

在现在的 4G 时代和即将到来的 5G 时代,以及惊人的数据传输呈指数增长的时代,Web Storage 则是给程序员吃了一颗定心丸。

3.1.2 浏览器客户端常用的存储数据方式

HTML5 主要提供了两种 Web 存储方式,在日常的开发中会经常使用为 LocalStorage 和 SessionStorage,下面来看看它们的区别,如表 3-1 所示。

表 3-1 两种存储方式的区别

方 式	存储时间	特 点
LocalStorage	持久	除非主动删除数据,否则数据永不过期
SessionStorage	自动销毁	存储在浏览器进程的内存,关闭浏览器后自动销毁

LocalStorage 主要的作用是持久化的本地存储,除非主动删除数据,否则数据永远不会过期。然而 SessionStorage 在浏览器中的作用是在一个会话的过程中存储数据,这些数据会在结束会话的时候被移除,例如在关闭浏览器的时候。

注意:

SQLite 是遵守 ACID 的关系数据库管理系统,它包含在一个相对小的 C 程序库中。与许多其他数据库管理系统不同,SQLite 不是一个客户端/服务器结构的数据库引擎,而是被集成在用户程序中。SQLite 遵守 ACID,实现了大多数 SQL 标准。它使用动态的、弱类型的 SQL 语法。它作为嵌入式数据库,是应用程序(如网页浏览器)在本地/客户端存储数据的常见选择。它可能是最广泛部署的数据库引擎,因为它正在被一些流行的浏览器、操作系统、嵌入式系统所使用。同时,它有许多程序设计语言的语言绑定。

3.1.3 简单存储实例

下面笔者将使用 Chrome 浏览器打开兄弟连 IT 教育官网,通过存储和查询演示如何使用本地存储 WebStorage,在控制台输入测试的数据,并且获取响应的数据。

笔者先打开兄弟连的官网(http://www.itxdl.cn/),接着在控制台输入以下代码:

```
localStorage.setItem("xdh","兄弟连 IT 教育")
```

演示的效果图如图 3-1 所示。

图 3-1　存储一个键值对的效果图

再在命令行输入下面的命令，得到刚刚存储的键值对，如下：

localStorage.getItem("xdl")

演示效果图如图 3-2 所示。

图 3-2　获取一个键值对的效果图

3.2 Web Storage 的常用方法

在 HTML5 中，LocalStorage 有五种常用的方法，如表 3-2 所示。

表 3-2 LocalStorage 的常用方法与描述

属 性	描 述
setItem(key,value)	存储对应键值对，存储类型为字符串类型
getItem(key)	根据键（key）获取对应的值
clear()	清空 Web 存储中的所有 LocalStorage 数据
removeItem(key)	从 Web 存储中移除某个指定键值对数据
key(n)	获取第 n 个键值

与之前介绍的一样，通过键值对的方式进行数据存储，并且因为数据是永久性存储，完全可以使用 setItem() 和 getItem() 方法实现数据分享。

3.2.1 setItem() 与 getItem() 方法的使用

在 Console 命令行依次输入以下命令：

```
localStorage.setItem("xdl","IT 职业教育的颠覆者")
localStorage.getItem('xdl')   // 输出数据"IT 职业教育的颠覆者"
```

读者可以通过 Chrome 浏览器的开发者控制台中的 Resource 面板查找 LocalStorage 中的键值对，这里就不再赘述了。

3.2.2 key() 方法的使用

在 Console 命令行依次输入以下命令，添加五条数据：

```
localStorage.setItem('1','兄')
localStorage.setItem('2','弟')
localStorage.setItem('3','连')
localStorage.setItem('4','教')
localStorage.setItem('5','育')
```

添加数据的效果图如图 3-3 所示。

图 3-3　添加五个键值对

写一个循环方法来遍历"2"以内的"键"的值，如下：

```
// 循环遍历当前网站浏览器存储的"键"的值。注意，不是键值对的值
for (var i=0;i<2;i++){
//打印每次获取到的"键"的值
console.log(localStorage.key(i))
}
```

遍历的效果如图 3-4 所示，可以发现存储的五个字的键值对的"键"的值已经被打印到控制台了，但是控制台的效果显示其他的几个值是空的，这是因为没有使用的空间默认的值是"NULL"。

图 3-4　遍历本地存储的"键"的值

3.2.3 removeItem()和 clear()方法的使用

如果需要某个键值对的时候,可以通过某个对应"键"的值,删除对应的键值对,也就是移除这项记录。

可以直接添加一个键值对,当然也可以直接删除一对键值对,效果如图 3-5 所示。现在,笔者先添加一个键值对,再删除它。Console 控制台的命令代码片段如下:

再删除第一个数据,代码如下:

然后循环遍历,代码如下:

```
for(var i=0;i<2;i++){
    console.log(localStorage.key(i))
}
```

图 3-5 删除第一个元素之后的"键"的值

3.3 实例：幻灯播放

3.3.1 impress 的介绍与下载

读者可以使用现在比较方便的 HTML5 的 PPT 播放插件——impress.js 来实现指定播放对应的页面，使用 LocalStorage 搭配 impress.js 主要有以下两个优点。

（1）LocalStorage 的存储容量是 Cookies 的 1280 倍。

（2）Cookies 每次都会随着其他数据一起被发送到服务器，比较消耗带宽；LocalStorage 是本地存储，不会被发送到服务器端。

注意：

impress.js 的 GitHub 地址如下，读者可以进入项目主页进行下载。

https://github.com/impress/impress.js

打开主页，项目主页如图 3-6 所示。

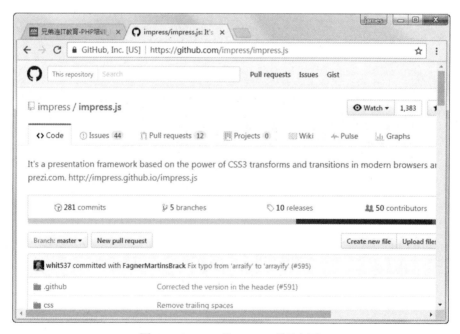

图 3-6　impress 的 GitHub 项目主页

3.3.2 效果与代码清单

本例是使用 LocalStorage 与 impress 搭配完成的一个简易 PPT 切换页面的实例,其中切换操作界面的功能放在 control.html 中,幻灯片界面直接放在了根目录下的 index.html 页面中。

笔者使用一个界面的按钮操作另一个界面的幻灯界面进行切换,效果图如图 3-7 和图 3-8 所示。

图 3-7 控制器单击"幻灯片 2"按钮   图 3-8 切换到幻灯片 2

再单击"幻灯片 3"按钮,幻灯片界面就会自动执行切换到第三张幻灯片,效果如图 3-9 和图 3-10 所示。

图 3-9 控制器单击"幻灯片 3"按钮   图 3-10 切换到幻灯片 3

首先看看 index.html 页面的代码,如下:

```html
<!doctype html>
<html lang="en">
<head>
    <meta charset="utf-8"/>
    <meta name="viewport" content="width=1024"/>
    <meta name="apple-mobile-web-app-capable" content="yes"/>
    <title>幻灯片</title>

    <meta name="description"
        content="impress.js is a presentation tool based on the power of CSS3 transforms
        and transitions in modern browsers and inspired by the idea behind prezi.com."/>
    <meta name="author" content="Bartek Szopka"/>
    <link href="
    http://fonts.googleapis.com/css?family=Open+Sans:regular,semibold,italic,italicsemibold|P
    T+Sans:400,700,400italic,700italic|PT+Serif:400,700,400italic,700italic"
        rel="stylesheet"/>


    <link href="css/impress-demo.css" rel="stylesheet"/>

    <link rel="shortcut icon" href="favicon.png"/>
    <link rel="apple-touch-icon" href="apple-touch-icon.png"/>
</head>


<body class="impress-not-supported">

<div class="fallback-message">
    <p>Your browser <b>doesn't support the features required</b> by impress.js, so you are presented with a simplified
        version of this presentation.</p>
    <p>For the best experience please use the latest <b>Chrome</b>, <b>Safari</b> or <b>Firefox</b> browser.</p>
</div>

<div id="impress">
    <div id="bored" class="step slide" data-x="-1000" data-y="-1500">
        <q>兄弟会</q>
    </div>

    <div class="step slide" data-x="0" data-y="-1500">
        <q>兄弟连</q>
    </div>

    <div class="step slide" data-x="1000" data-y="-1500">
        <q>IT教育</q>
    </div>
</div>

<script src="js/impress.js"></script>
<script>
    var _impress = impress();
    _impress.init();
    setInterval(function () {
        //获取指定的幻灯片的播放位置
        var step = localStorage.getItem('slide_num');
        //如果存在正确的值,那么直接切换到指定的值
        if (step) {
            _impress.goto(parseInt(step));
```

```
55        }
56    }, 100)
57 </script>
58 </body>
59 </html>
60
```

impress.js 幻灯片的容器的 ID 值为 impress，每张幻灯片的 class 中都有 step 样式，同时，可以在每张对应的 DIV 容器中设置幻灯片的 data-x 和 data-y，用来实现 CSS3 的 Transform。

实例化的代码如下：

```
46 <script>
47    var _impress = impress();
48    _impress.init();
49    setInterval(function () {
50        //获取指定的幻灯片的播放位置
51        var step = localStorage.getItem('slide_num');
52        //如果存在正确的值，那么直接切换到指定的值
53        if (step) {
54            _impress.goto(parseInt(step));
55        }
56    }, 100)
```

3.3.3 impress.js 的主要方法

Impress 提供的实例化对象主要有四种 API，如表 3-3 所示。

表 3-3 impress.js 的主要方法和描述

方　　法	描　　述
init	初始化界面，生成幻灯片
goto	切换到指定的幻灯片界面
prev	切换到上一页幻灯片界面
next	前往下一页幻灯片界面

接着读者可以看看 control.html 界面，代码实例如下：

```
1 <!DOCTYPE html>
2
3 <html>
4 <head>
5
6    <meta http-equiv="Content-Security-Policy"
7        content="default-src 'self' data: gap: https://ssl.gstatic.com 'unsafe-eval';
          style-src 'self' 'unsafe-inline'; media-src *">
8    <meta name="format-detection" content="telephone=no">
9    <meta charset="utf-8">
10   <meta name="msapplication-tap-highlight" content="no">
```

```
11      <meta name="viewport"
12          content="user-scalable=no, initial-scale=1, maximum-scale=1, minimum-scale=1,
            width=device-width">
13      <link rel="stylesheet" type="text/css" href="css/jquery.mobile-1.4.5.css">
14      <script type="text/javascript" src="js/jquery-2.1.1.min.js"></script>
15      <script type="text/javascript" src="js/jquery.mobile-1.4.5.js"></script>
16      <script type="text/javascript" src="js/index.js"></script>
17      <title>控制器</title>
18  </head>
19  <body>
20
21  <div data-role="page" data-theme="a">
22      <div data-role="header" data-position="fixed">
23          <h4>控制器</h4></div>
24      <div role="main" class="ui-content">
25          <div class="ui-grid-b ui-responsive">
26
27              <div class="ui-block-a"><a href="#" class="ui-btn ui-shadow " id="one">
                  幻灯片1</a></div>
28
29              <div class="ui-block-b"><a href="#" class="ui-btn ui-shadow " id="two">
                  幻灯片2</a></div>
30
31              <div class="ui-block-c"><a href="#" class="ui-btn ui-shadow ui-btn-corner-all
                  " id="three">幻灯片3</a></div>
32          </div>
33      </div>
34      <div data-role="footer" data-position="fixed">
35          <div data-role="navbar" data-position="fixed">
36
37              <ul>
38
39                  <li><a href="#" class="ui-btn-active">页面控制器</a></li>
40
41              </ul>
42          </div>
43      </div>
44  </div>
45  </body>
46  </html>
```

可以发现，上述幻灯片中对三个按钮进行了 click 时间的监听，点击对应的按钮，就会产生对应的页码数据，然后将对应的页码进行本地存储，在 index.html 界面中监听是否能够获取到本地的存储信息，如果能够获取信息，将会执行相关的幻灯片界面操作。

3.4 本章小结

本章笔者区分了 Cookies 和 LocalStorage 的存储方式和存储大小，讲解了 HTML5 的主要存储方式 LocalStorage 与 SessionStorage。学习完本章之后，读者需要熟练应用这两种 HTML5 的存储方式。

本章习题及其答案

本章资源包

本章扩展知识

练习题

一、选择题

1. SessionStorage 数据可以储存的时间为（　　）。
   A．无限期　　　B．1周　　　C．1天　　　D．直到浏览器关闭
2. 删除单个数据的方法是（　　）。
   A．setItem()　　B．getItem()　　C．removeItem()　　D．clear()
3. 读取数据的方法是（　　）。
   A．setItem()　　B．getItem()　　C．removeItem()　　D．clear()
4. 新建或修改一条数据的方法是（　　）。
   A．setItem()　　B．getItem()　　C．removeItem()　　D．clear()
5. 不是 HTML5 特有的存储类型的是（　　）。
   A．LocalStorage　B．Cookie　　C．Application Cache　D．SessionStorage
6. IE 浏览器从哪个版本开始支持 LocalStorage（　　）。
   A．IE7　　　B．IE8　　　C．IE9　　　D．IE10
7. 以下哪个效果不可以使用 Web Storage 实现（　　）。
   A．购物车　　B．用户免登录　　C．商品浏览历史　　D．位置定位
8. 类似百度搜索，用户点击搜索框显示历史搜索内容，用什么方式存储更好（　　）。
   A．Cookie　　B．Session　　C．LocalStorage　　D．SessionStorage
9. 能够获取储存的数据量的是（　　）。
   A．length 属性　B．size()　　C．key()　　D．getItem()
10. Chrome 浏览器控制台的哪个选项可以查看当前页面的 Web Storage（　　）。
    A．Console　　B．Sources　　C．Network　　D．Application

二、简答题

简述 LocalStorage 和 Cookie 的区别。

第4章

HTML5 Canvas API 应用

本章读者将会学习使用 HTML5 的 Canvas API 制作一些比较好玩的图形、图像、动画。同时，也会使用 Rendering API 进行图形的渲染，我们将创建一些可以自适应浏览器的图，并且还将尝试使用动态的方式创建图像。本章我们将通过学习图形知识，一步步深入 Canvas API。

本章二维码

本章二维码里面包括：
1. 本章的学习视频；
2. 本章所有实例演示结果；
3. 本章习题及其答案；
4. 本章资源包（包括本章所有代码）下载；
5. 本章的扩展知识。

4.1 什么是 Canvas

4.1.1 Canvas 的由来

Canvas 本来是苹果公司的产物，Mac OS X WebKit 的控制面板经常使用到它。Canvas 出现之前，开发者需要使用 Adobe 公司的 Flash 或 SVG（可伸缩矢量图形）插件，早期的 IE 中的 VML（矢量标记语言）也是可以的，或者直接使用 JavaScript 的常用技巧。然而，纷繁复杂的方式难以实现标准化，在 HTML5 大行其道的今天，前段开发者终于迎来了春天，我们可以使用 HTML5 的 Canvas API 绘制自己需要的图形，假设读者现在想在浏览器中绘制一个矩形或矩形的对角线，那么 Canvas API 无疑是非常实用的。听起来绘制对角线是很简单的，但是如果不通过 Canvas API 来实现的话，这是比较费时费力的。

HTML5 规范中的 Canvas 给开发者带来了非常广泛的开发空间，但是 Canvas 和以前的 SVG 有什么区别呢？如表 4-1 所示。

表 4-1 SVG 和 Canvas 的特点对比

SVG	Canvas
在不同分辨率下可以自由缩放	本质是位图画布，不支持缩放
需要存为对象	绘制的对象以任意 DOM 节点或命名空间来部署
支持单击检测（可以检测单击了哪个点）	不支持单击检测
实现起来较复杂	实现起来较简单

4.1.2 Canvas 的概念

之前笔者提到过，Canvas 的本质就是位图画布，而位图的本身是不可缩放的。因此读者必须明白，在网页上使用 Canvas 元素的时候，实际上是创建一个矩形区域。既然是位图画布，那么这个画布对象就有默认的像素宽高，其默认的宽为 300px（像素），默认的高为 150px（像素），读者可以自定义宽、高并设置元素的其他属性。

下面是 HTML 界面中最基本的 Canvas 标签元素，代码如下：

```
<canvas></canvas>
```

Canvas 的元素本身没有什么起眼的地方，重要的是可以使用 JavaScript 来控制 Canvas 元素，可以为其添加线、图片、文字。当然，绘图是比较关键的操作，高级动画也是可以实现的。

如果读者学习过 Cocos-2d 游戏制作，会知道二维绘图的重要性。在实际项目开发中，二维绘图的操作也是非常常用的，只要读者有过相关的经验，就应该体会到 Canvas API 实际上是比较实用和顺手的。Canvas 的渲染带来了 HTML5 的小游戏风暴，最近两年的 HTML5 小游戏制作都离不开这个功臣。图 4-1 就是利用 HTML Canvas API 开发的小游戏《像素鸟》的游戏界面，说到底，Canvas 的强大是我们有目共睹的。

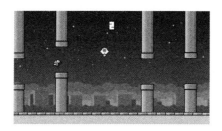

图 4-1 《像素鸟》的游戏界面

实际上使用 Canvas API 编程的效率是比较高的，首先我们需要获取 Context（俗称"上下文"），之后的所有操作都会映射到上下文中，通过后才会将用户执行的动作应用到其上下文中。实际上，这种方式就像我们在处理事务（数据库中的事务）一样，需要先创建事务再执行动作，确认无误之后才提交事务。

4.2 如何使用 Canvas

4.2.1 使用 Canvas API 的基本知识

实际上 Canvas 的坐标是从左上角开始的，X 轴为水平方向，沿着像素向右进行延伸，Y 轴为垂直方向，沿着像素向下延伸，这和 Cocos-2d 的笛卡儿坐标系类似，左上角的起始点为坐标原点，如图 4-2 所示。

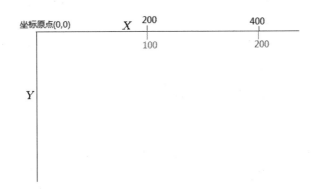

图 4-2　Canvas 的坐标系示意图

使用 Canvas 可以非常方便地绘图，但是读者也应该清楚其运用情景。如果能使用非常简单的方案就能解决问题时，是没有必要使用 Canvas 的，例如利用标题标签（<h1></h1>）或其他简单的标签就能实现的效果，就没有必要使用 Canvas 来实现了。

虽然现在的主流浏览器都支持 Canvas 了，但这并不意味所有的设备都能够支持 Canvas，所以有时需要检测用户使用的浏览器是否支持 Canvas。

最简单的方式就是在 canvas 元素中使用文本代替的方式，代码如下：

```
<canvas>
抓紧升级您的浏览器，否则不能享受 Canvas 带来的乐趣
</canvas>
```

这种方式是原生的检测方式，还可以使用图片的方式，这两种方式都是比较原生的方式，都能够显现出来。

但是，Canvas 的图像显示并不能直接和用户进行复杂的交互行为，我们可以考虑使用 SVG。当然，SVG 整合了浏览器的 DOM，可以提高人机交互的体验度。

4.2.2 检测浏览器是否支持 Canvas

虽然现在的大部分浏览器自 IE9 版本之后都支持 Canvas，旧版本的市场份额越来越小，但是在使用 Canvas 之前，开发者还是有必要检测浏览器是否能够支持 HTML5 的 Canvas API。

下面就是使用 JavaScript 检测浏览器的支持情况的方法。

创建检测 Canvas 的项目文件，并建立 HTML 文件：index.html，代码实例如下：

```
1  <!DOCTYPE html>
2  <html lang="zh-cn">
3  <head>
4      <meta charset="utf-8">
5      <meta http-equiv="X-UA-Compatible" content="IE=edge">
6      <meta name="viewport" content="width=device-width, initial-scale=1">
7      <title>检测浏览器是否支持canvas</title>
8
9      <!-- Bootstrap -->
10     <link href="css/bootstrap.min.css" rel="stylesheet">
11
12     <!-- HTML5 shim and Respond.js for IE8 support of HTML5 elements and media queries -->
13     <!-- WARNING: Respond.js doesn't work if you view the page via file:// -->
14     <!--[if lt IE 9]>
15     <script src="js/html5shiv.min.js"></script>
16     <script src="js/respond.min.js"></script>
17     <![endif]-->
18 </head>
19 <body>
20 <div class="container">
21     <ul class="nav nav-tabs" role="tablist" id="myTabs">
22         <li role="presentation" class="active"><a href="#">主页</a></li>
23         <li role="presentation"><a href="#">兄弟连</a></li>
24         <li role="presentation"><a href="#">IT教育</a></li>
25     </ul>
26     <div class="btn-group btn-group-vertical">
27         <button type="button" class="btn btn-primary">兄弟连</button>
28         <button type="button" class="btn btn-default" id="check">检测Canvas</button>
29         <button type="button" class="btn btn-success">兄弟会</button>
30     </div>
31 </div>
32
33 <!-- jQuery (necessary for Bootstrap's JavaScript plugins) -->
34 <script src="js/jquery-3.1.1.min.js"></script>
35 <!-- Include all compiled plugins (below), or include individual files as needed -->
36 <script src="js/bootstrap.min.js"></script>
37 </body>
38 <script>
39     $(function () {
40                                         /*
41                                          * 头部导航页切换
42                                          */
43         $("#myTabs > li").each(function () {
44
```

```
45          $(this).on("click", function () {
46              $("#myTabs li[class='active']").removeClass('active');
47              $(this).toggleClass("active")
48          })
49      });
50                                      /*
51                                       * 监听检测按钮
52                                       * */
53      $("#check").on("click", function () {
54          //点击监听按钮,触发是否支持函数
55          support_or_not()
56      })
57  });
58                                      /*
59                                       * 检测浏览器是否支持canvas API的工具函数
60                                       * */
61  function check_canvas() {
62      //返回浏览器是否支持的结果,类型为Boolean值
63      return !!document.createElement('canvas').getContext;
64  }
65                                      /*
66                                       * 输出浏览器是否支持canvas的结果的工具函数
67                                       * */
68  function support_or_not() {
69                                      //声明一个变量用于接收检测工具函数的返回结果
70      var results = check_canvas();
71
72      if (results) {
73                                      //如果检测的结果为true,控制台打印支持canvas
74          console.log('浏览器支持canvas,结果为: ' + results)
75      } else {
76                                      //浏览器不支持canvas,控制台输出的结果
77          console.log("浏览器不支持canvas, 结果为: " + results)
78      }
79  }
80  </script>
81  </html>
```

运行的效果如图 4-3 所示，单击"检测 Canvas"按钮，就能看到如图 4-4 所示的效果，控制台的输出结果为"浏览器支持 canvas，结果为：true"。

图 4-3　检测浏览器是否支持 Canvas 运行之前的效果

第 4 章 HTML5 Canvas API 应用

图 4-4 检测浏览器是否支持 Canvas 运行之后的效果

4.2.3 Canvas 与 CSS 的关系与应用

作为 HTML 的元素，Canvas 元素也可以使用 CSS 样式，例如添加边框、设置边距。同样地，Canvas 内部的元素会继承 Canvas 的样式，在 Canvas 中的文字样式和 Canvas 本身的样式是相同的。

在 Canvas 中给上下文设置属性的时候，需要遵守 CSS 语法。举个例子，给上下文设置颜色和字体颜色的时候，需要保持 HTML 文档中基本的语法。代码实例如下：

```
1  <!DOCTYPE html>
2  <html lang="zh-cn">
3  <head>
4      <meta charset="utf-8">
5      <meta http-equiv="X-UA-Compatible" content="IE=edge">
6      <meta name="viewport" content="width=device-width, initial-scale=1">
7      <title>Canvas Style</title>
8
9      <!-- Bootstrap -->
10     <link href="css/bootstrap.min.css" rel="stylesheet">
11
12     <!-- HTML5 shim and Respond.js for IE8 support of HTML5 elements and media queries -->
13     <!-- WARNING: Respond.js doesn't work if you view the page via file:// -->
14     <!--[if lt IE 9]>
15     <script src="js/html5shiv.min.js"></script>
16     <script src="js/respond.min.js"></script>
17     <![endif]-->
18     <style>
19         #canvas{
20             border:1px solid #ffc107;
21             width:200px;
22             height:200px;
23         }
24     </style>
25 </head>
26 <body>
27 <div class="container">
28     <ul class="nav nav-tabs" role="tablist" id="myTabs">
29         <li role="presentation" class="active"><a href="#">主页</a></li>
30         <li role="presentation"><a href="#">兄弟连</a></li>
```

```
31            <li role="presentation"><a href="#">IT教育</a></li>
32        </ul>
33        <p class="text-primary">Canvas元素的样式添加和其他元素相同</p>
34        <canvas id="canvas"></canvas>
35
36 </div>
37
38 <!-- jQuery (necessary for Bootstrap's JavaScript plugins) -->
39 <script src="js/jquery-3.1.1.min.js"></script>
40 <!-- Include all compiled plugins (below), or include individual files as needed -->
41 <script src="js/bootstrap.min.js"></script>
42 <script>
43     $(function () {
44         //头部导航页切换
45         $("#myTabs > li").each(function () {
46
47             $(this).on("click", function () {
48                 $("#myTabs li[class='active']").removeClass('active');
49                 $(this).toggleClass("active");
50             })
51         });
52         $("#check").on("click", function () {
53             support_or_not()
54         })
55     });
56 </script>
57 </body>
58 </html>
```

效果图如图 4-5 所示，在给 Canvas 元素定义样式的时候，可以使用 CSS 为其增添层叠样式。

图 4-5 给 Canvas 元素添加样式

注意：

在以上的代码中，笔者给 Canvas 元素添加的 ID 值为"canvas"，这样在以后的项目开发中很容易就能找到这个 Canvas 元素，直接通过 ID 就可以找到想要的 Canvas 元素了。

如果上述代码不为样式添加边框样式，就会产生 200×200 的隐藏区域，如图 4-6 所示，因此添加边框样式是非常必要的。

第 4 章 HTML5 Canvas API 应用

图 4-6 不给 Canvas 元素的边框添加样式

4.3 使用 Canvas 绘制矩形的对角线

Canvas 元素就像一张艺术家正要拿起画笔进行艺术创作的"白纸",那么作为开发者,在"白纸"上亲手绘制自己的"杰作"是非常简单的。

下面是笔者使用几行代码绘制出的一个完整图形。

4.3.1 HTML 代码实例

HTML 代码实例如下:

```
1  <!DOCTYPE html>
2  <html lang="zh-cn">
3  <head>
4      <meta charset="utf-8">
5      <meta http-equiv="X-UA-Compatible" content="IE=edge">
6      <meta name="viewport" content="width=device-width, initial-scale=1">
7      <title>使用Canvas API画正方形对角线</title>
8
9      <!-- Bootstrap -->
10     <link href="css/bootstrap.min.css" rel="stylesheet">
11
12     <!-- HTML5 shim and Respond.js for IE8 support of HTML5 elements and media queries -->
13     <!-- WARNING: Respond.js doesn't work if you view the page via file:// -->
14     <!--[if lt IE 9]>
15     <script src="js/html5shiv.min.js"></script>
16     <script src="js/respond.min.js"></script>
17     <![endif]-->
18     <style>
19         #canvas{
20             border:1px solid #ffc107;
```

```
21                width:200px;
22                height:200px;
23            }
24        </style>
25  </head>
26  <body>
27  <div class="container">
28      <ul class="nav nav-tabs" role="tablist" id="myTabs">
29          <li role="presentation" class="active"><a href="#">主页</a></li>
30          <li role="presentation"><a href="#">兄弟连</a></li>
31          <li role="presentation"><a href="#">IT教育</a></li>
32      </ul>
33      <p class="text-primary">画对角线</p>
34      <canvas id="canvas" ></canvas>
35
36  </div>
37
38  <!-- jQuery (necessary for Bootstrap's JavaScript plugins) -->
39  <script src="js/jquery-3.1.1.min.js"></script>
40  <!-- Include all compiled plugins (below), or include individual files as needed -->
41  <script src="js/bootstrap.min.js"></script>
42  <script>
43                                                //监听页面加载完成
44      window.addEventListener('load',draw_line,true);
45      function draw_line() {
46                                                //获取canvas元素
47          var canvas = document.getElementById('canvas');
48                                                //获取2d绘图上下文
49          var context = canvas.getContext('2d');
50                                                //开始创建二维图形
51          context.beginPath();
52                                                //创建路径的起始点
53          context.moveTo(0,0);
54                                                //创建绘制路径的终点
55          context.lineTo(200,200);
56                                                //添加这条路径线到canvas元素
57          context.stroke();
58      }
59      $(function () {
60
61                                                //头部导航页切换
62          $("#myTabs > li").each(function () {
63
64              $(this).on("click", function () {
65                  $("#myTabs li[class='active']").removeClass('active');
66                  $(this).toggleClass("active")
67              })
68          });
69      });
70
71
72  </script>
73  </body>
74  </html>
```

错误的绘制对角线的效果如图 4-7 所示，读者可以发现，其绘制出的效果图并不是预想的效果。

46

图 4-7　绘制错误的对角线图

实际上,这是因为忽略了 CSS 样式对 Canvas 元素的影响。读者应该明确的一点就是,Canvas 标签中的 width、height 在某种意义上和 CSS 中的 width、height 是不同的,Canvas 中的 width、height 是画布的实际高度,但是 CSS 中的 width、height 是浏览器渲染出来的高度,是渲染之后的高度,是不准确的。

读者只需要在 Canvas 元素上添加对应的宽度和高度的属性和对应的值就可以解决这个问题。之所以之前的代码中没有提及,就是想让读者明确 Canvas 元素的 width、height 和 CSS 中的 width、height 是不同的。

笔者加上 Canvas 元素的 width、height 的属性和值,如下:

```
<canvas id="canvas" width="200" height="200"></canvas>
```

绘制正确的对角线的效果图如图 4-8 所示。

图 4-8　绘制正确的对角线的效果图

4.3.2 思路分析

首先笔者通过 Canvas 的 ID 值来获取 Canvas 对象,接着定义一个变量,用来接收 Canvas 对象的 getContext()方法返回的二维上下文,笔者传入的参数是"2d",绘制的是二维图形。然后笔者使用三种方法来定义直线路径的起点和终点坐标,最后使用 context 的 stroke()方法完成线条的绘制。

从上面的代码实例中可以发现,Canvas 的所有操作都是基于上下文对象完成的,这种绘图方式可以使 Canvas 的拓展性得到充分发挥。并且结合多种 Canvas 的绘制模型,通过绘制(stroke)或填充(fill)的方法完成绘图效果。

4.4 使用 Canvas API 绘制圆

使用 Canvas 画线比较简单,那么利用它来绘制图形是否和绘制线一样简单呢?答案是肯定的。通过 Canvas API,读者能够轻松地绘制圆及更复杂的图形。下面来学习如何绘制一个基本的圆。

4.4.1 绘制圆的参数说明

绘制圆之前,笔者先介绍一下绘制圆的方法:context.arc()方法,各参数说明如表 4-2 所示。

表 4-2 arc()方法的参数

参　　数	说　　明
x	圆中心 X 坐标
y	圆中心 Y 坐标
r	圆半径
sAngle	起始角度
eAngle	结束角度
counterclockwise	可选顺时针(false)或逆时针(true)

图 4-9 是坐标示意图。注意,我们使用 π 作为角度的值,180 度等于 1 π,这样就可以绘制圆了。

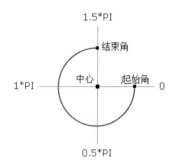

图 4-9　直角坐标系示意图

4.4.2　绘制圆的 HTML 代码清单

HTML 代码实例如下：

```html
<!DOCTYPE html>
<html lang="zh-cn">
<head>
    <meta charset="utf-8">
    <meta http-equiv="X-UA-Compatible" content="IE=edge">
    <meta name="viewport" content="width=device-width, initial-scale=1">
    <title>绘制圆</title>

    <!-- Bootstrap -->
    <link href="css/bootstrap.min.css" rel="stylesheet">

    <!-- HTML5 shim and Respond.js for IE8 support of HTML5 elements and media queries -->
    <!-- WARNING: Respond.js doesn't work if you view the page via file:// -->
    <!--[if lt IE 9]>
    <script src="js/html5shiv.min.js"></script>
    <script src="js/respond.min.js"></script>
    <![endif]-->
    <style>
        #circle{
            width: 200px;
            height:200px;
            border: 1px solid  #00bcd4;
        }
    </style>
</head>
<body>
<div class="container">
    <ul class="nav nav-tabs" role="tablist" id="myTabs">
        <li role="presentation" class="active"><a href="#">主页</a></li>
        <li role="presentation"><a href="#">兄弟连</a></li>
        <li role="presentation"><a href="#">IT教育</a></li>
    </ul>
    <canvas width="200" height="200" id="circle"></canvas>
</div>

<!-- jQuery (necessary for Bootstrap's JavaScript plugins) -->
<script src="js/jquery-3.1.1.min.js"></script>
<!-- Include all compiled plugins (below), or include individual files as needed -->
<script src="js/bootstrap.min.js"></script>
<script>
```

```
41
42
43
44      $(function () {
45                                          //头部导航页切换
46      $("#myTabs > li").each(function () {
47                                          // 获取DOM节点circle
48      var c=document.getElementById("circle");
49                                          //获取2D上下文对象
50      var context=c.getContext("2d");
51                                          //开始路径绘制
52      context.beginPath();
53                                          //绘制圆
54      context.arc(100,75,50,0,2*Math.PI);
55                                          // 渲染到canvas画布
56      context.stroke();
57          $(this).on("click", function () {
58              $("#myTabs li[class='active']").removeClass('active');
59              $(this).toggleClass("active")
60          })
61      });
62      });
63 </script>
64 </body>
65 </html>
66
```

4.4.3 绘制圆的效果图

绘制圆的效果图如图 4-10 所示。

图 4-10 绘制圆的效果图

至此，圆就绘制完成了，我们可以使用 Canvas API 相关参数进行简单图形的绘制。下面继续学习绘制另外一种简单的图形：矩形。

4.5 使用 Canvas API 绘制矩形

4.5.1 绘制矩形的参数说明

使用 fillRect()方法绘制矩形的参数如表 4-3 所示。

表 4-3 使用 fillRect()方法绘制矩形的相关参数

参数	说明
x	开始绘制矩形的点的 X 轴坐标
y	开始绘制矩形的点的 Y 轴坐标
width	矩形的宽度，单位为像素
height	矩形的高度，单位为像素

和之前绘制圆类似，可以使用 Canvas API 的 fillRect()方法绘制矩形，HTML 的代码和之前的代码类似。

4.5.2 绘制矩形的 HTML 代码

绘制矩形的 HTML 代码实例如下，只需要将绘制的矩形的开始坐标 X、Y 和矩形的宽、高写下来就能绘制出简单的矩形了。

```
1  <!DOCTYPE html>
2  <html lang="zh-cn">
3  <head>
4      <meta charset="utf-8">
5      <meta http-equiv="X-UA-Compatible" content="IE=edge">
6      <meta name="viewport" content="width=device-width, initial-scale=1">
7      <title>绘制矩形</title>
8
9      <!-- Bootstrap -->
10     <link href="css/bootstrap.min.css" rel="stylesheet">
11
12     <!-- HTML5 shim and Respond.js for IE8 support of HTML5 elements and media queries -->
13     <!-- WARNING: Respond.js doesn't work if you view the page via file:// -->
14     <!--[if lt IE 9]>
15     <script src="js/html5shiv.min.js"></script>
16     <script src="js/respond.min.js"></script>
17     <![endif]-->
18     <style>
19         #rect{
20             width: 200px;
```

```
21              height: 200px;
22              border: 1px solid   #00bcd4;
23          }
24      </style>
25  </head>
26  <body>
27  <div class="container">
28      <ul class="nav nav-tabs" role="tablist" id="myTabs">
29          <li role="presentation" class="active"><a href="#">主页</a></li>
30          <li role="presentation"><a href="#">兄弟连</a></li>
31          <li role="presentation"><a href="#">IT教育</a></li>
32      </ul>
33  <canvas id="rect" width="200" height="200"></canvas>
34
35  </div>
36
37  <!-- jQuery (necessary for Bootstrap's JavaScript plugins) -->
38  <script src="js/jquery-3.1.1.min.js"></script>
39  <!-- Include all compiled plugins (below), or include individual files as needed -->
40  <script src="js/bootstrap.min.js"></script>
41  <script>
42      $(function () {
43                                                   //获取DOM节点
44        var canvas=document.getElementById("rect");
45                                                   //获取2D上下文对象
46        var context=canvas.getContext("2d");
47                                                   //填充矩形的颜色
48        context.fillStyle="#e91e63";
49                                                   //设置边框宽
50        context.linewidth=10;
51                                                   //绘制矩形
52        context.fillRect(20,70,150,50);
53                                                   //头部导航页切换
54        $("#myTabs > li").each(function () {
55
56          $(this).on("click", function () {
57            $("#myTabs li[class='active']").removeClass('active');
58            $(this).toggleClass("active")
59          })
60        });
61      });
62  </script>
63  </body>
64  </html>
65
```

4.5.3 绘制矩形的效果图

绘制矩形的效果图如图 4-11 所示。

相信大家已经可以使用 Canvas 绘制简单的图形了。但是，绘制较为复杂的图形，读者能不能直接使用一些方法绘制出较为复杂的图形呢？下面笔者将阐述如何使用 Canvas API 绘制较为复杂的时钟。

第 4 章 HTML5 Canvas API 应用

图 4-11 在 Canvas 画布中绘制矩形

4.6 使用 Canvas 绘制时钟的实例

4.6.1 绘制时钟的原理

在生活中，时钟是非常常见的，但是，我们却未曾使用 HTML 中的 Canvas API 绘制过时钟。本例笔者将使用数学中的角度的知识和时分秒之间的计数原理来绘制生活中的时钟。

结合数学中的 sin() 和 cos() 函数，可以获取到每个小时时钟的指针方向，以获取到当前时针的点，通过这些点的连接，一个表盘的形状就可以绘制出来了。

绘制完表盘之后，计算时针、分针、秒针和相关的指针转动的角度。

4.6.2 绘制时钟的 HTML 代码清单

下面是绘制时钟的 HTML 代码，代码实例如下：

```
1  <!DOCTYPE html>
2  <html lang="zh-cn">
3  <head>
4      <meta charset="utf-8">
5      <meta http-equiv="X-UA-Compatible" content="IE=edge">
6      <meta name="viewport" content="width=device-width, initial-scale=1">
7      <title>绘制时钟</title>
8
9      <!-- Bootstrap -->
10     <link href="css/bootstrap.min.css" rel="stylesheet">
```

细说 HTML5 高级 API

```
11
12          <!-- HTML5 shim and Respond.js for IE8 support of HTML5 elements and media queries -->
13          <!-- WARNING: Respond.js doesn't work if you view the page via file:// -->
14          <!--[if lt IE 9]>
15          <script src="js/html5shiv.min.js"></script>
16          <script src="js/respond.min.js"></script>
17          <![endif]-->
18          <style>
19              #canvas {
20                  width: 400px;
21                  height: 400px;
22                  border: 1px #ccc solid;
23              }
24          </style>
25  </head>
26  <body>
27  <div class="container">
28      <ul class="nav nav-tabs" role="tablist" id="myTabs">
29          <li role="presentation" class="active"><a href="#">主页</a></li>
30          <li role="presentation"><a href="#">兄弟连</a></li>
31          <li role="presentation"><a href="#">IT教育</a></li>
32      </ul>
33      <canvas id="canvas" width="400" height="400">
34          这段文字之后只有落后的浏览器才能看到,请抓紧升级浏览器吧
35      </canvas>
36  </div>
37
38  <!-- jQuery (necessary for Bootstrap's JavaScript plugins) -->
39  <script src="js/jquery-3.1.1.min.js"></script>
40  <!-- Include all compiled plugins (below), or include individual files as needed -->
41  <script src="js/bootstrap.min.js"></script>
42  <script>
43      $(function () {
44                                                  //初始化界面之后执行时钟的绘制
45          draw_clock();
46                                                  //头部导航页切换
47          $("#myTabs > li").each(function () {
48
49              $(this).on("click", function () {
50                  $("#myTabs li[class='active']").removeClass('active');
51                  $(this).toggleClass("active");
52              })
53          });
54
55      });
56                                                  //绘制时钟的函数
57      function draw_clock() {
58          var canvas = document.getElementById('canvas');
59          var context = canvas.getContext('2d');
60                                                  //保存状态
61          context.save();
62                                                  //移动坐标中心点到正方形的中心位置
63          context.translate(200, 200);
64                                                  //计算每一个小时所占据的弧度
65          var deg = 2 * Math.PI / 12;
66                                                  //保存表盘的信息
67          context.save();
68          context.beginPath();
69                                                  //循环遍历每一个小时的标准位置
70          for (var i = 0; i < 13; i++) {
```

```javascript
                            //获取每个小时表盘的x轴位置
        var x = Math.sin(i * deg);
                            //获取每个小时表盘的y轴位置
        var y = -Math.cos(i * deg);
                            //绘制表盘
        context.lineTo(x * 150, y * 150);
    }
                            //绘制一个矩形,并用放射状/圆形渐变进行填充
    var c = context.createRadialGradient(0, 0, 0, 0, 0, 130);
                            //添加背景渐变色
    c.addColorStop(0, "#ffc107");
    c.addColorStop(1, "#00bcd4");
                            //添加绘制样式
    context.fillStyle = c;
                            //绘制
    context.fill();
                            //关闭路径绘制
    context.closePath();
                            //重新渲染
    context.restore();
                            //开始绘制数字
    context.save();
                            //开始路径的绘制
    context.beginPath();
                            //循环遍历,开始绘制数字
    for (var i = 1; i < 13; i++) {
        var x1 = Math.sin(i * deg);
        var y1 = -Math.cos(i * deg);
                            //填充样式
        context.fillStyle = "#fff";
                            //设置上下文字体
        context.font = "bold 20px Calibri";
                            //设置上下文对齐方式
        context.textAlign = 'center';
                            //设置上下文的基线对齐方式为居中
        context.textBaseline = 'middle';
                            //绘制文字
        context.fillText(i, x1 * 120, y1 * 120);
    }
                            //关闭路径
    context.closePath();
                            //重新渲染
    context.restore();

    context.save();
    context.beginPath();
    for (var i = 0; i < 12; i++) {
        var x2 = Math.sin(i * deg);
        var y2 = -Math.cos(i * deg);
        context.moveTo(x2 * 148, y2 * 148);
        context.lineTo(x2 * 135, y2 * 135);
    }
    context.strokeStyle = '#fff';
    context.lineWidth = 4;
    context.stroke();
    context.closePath();
    context.restore();
                            //小刻度渲染方法
    context.save();
    var deg1 = 2 * Math.PI / 60;
```

```
131         context.beginPath();
132         for (var i = 0; i < 60; i++) {
133             var x2 = Math.sin(i * deg1);
134             var y2 = -Math.cos(i * deg1);
135             context.moveTo(x2 * 146, y2 * 146);
136             context.lineTo(x2 * 140, y2 * 140);
137         }
138         context.strokeStyle = '#fff';
139         context.lineWidth = 2;
140         context.stroke();
141         context.closePath();
142         context.restore();
143                                         //文字渲染方法
144         context.save();
145         context.strokeStyle = "#fff";
146         context.font = ' 34px sans-serif';
147         context.textAlign = 'center';
148         context.textBaseline = 'middle';
149         context.strokeText('北京时间', 0, 65);
150         context.restore();
151                                         //new Date 声明一个Date()对象
152         var time = new Date();
153                                         //获取现在的时间:小时
154         var h = (time.getHours() % 12) * 2 * Math.PI / 12;
155                                         //获取现在的时间:分钟
156         var m = time.getMinutes() * 2 * Math.PI / 60;
157                                         //获取现在的时间:秒
158         var s = time.getSeconds() * 2 * Math.PI / 60;
159
160                                         //时针移动的方法
161         context.save();
162                                         //使用rotate() 方法旋转当前的绘图
163         context.rotate(h + m / 12 + s / 720);
164         context.beginPath();
165         context.moveTo(0, 6);
166         context.lineTo(0, -85);
167         context.strokeStyle = "#fff";
168         context.lineWidth = 6;
169         context.stroke();
170         context.closePath();
171         context.restore();
172                                         //分针移动的方法
173         context.save();
174         context.rotate(m + s / 60);
175         context.beginPath();
176         context.moveTo(0, 8);
177         context.lineTo(0, -105);
178         context.strokeStyle = "#fff";
179         context.lineWidth = 4;
180         context.stroke();
181         context.closePath();
182         context.restore();
183                                         //秒针移动的方法
184         context.save();
185         context.rotate(s);
186         context.beginPath();
187         context.moveTo(0, 10);
188         context.lineTo(0, -120);
189         context.strokeStyle = "#fff";
190         context.lineWidth = 2;
```

```
191        context.stroke();
192        context.closePath();
193        context.restore();
194                                    //出栈,重新渲染
195        context.restore();
196                                    //计时器,每秒渲染一次时钟界面
197        setTimeout(draw_clock, 1000);
198
199    }
200 </script>
201 </body>
202 </html>
```

4.6.3 绘制时钟的效果图

绘制时钟的效果图如图 4-12 所示。

图 4-12　绘制时钟,让时钟动起来

至此,时钟就绘制完成了。在此案例中,笔者使用了前面没有使用过的一些方法,这些方法笔者没有完全讲到,如果读者想了解更多详情,可以访问下面的地址,获取更多的内容:

http://www.w3school.com.cn/tags/html_ref_canvas.asp

4.7　本章总结

本章我们在使用 HTML5 中的 Canvas API 从绘制简单的图形到较为复杂的图形的过

程中，可以感受到 HTML5 的强大之处，学完此章可以更好地利用 Canvas 实现更多的特效。

使用 Canvas 设计的小游戏将越来越多，我们可以通过亲手创建自己的小游戏来更好地掌握 Canvas API。

本章习题及其答案

本章资源包

本章扩展知识

练习题

一、选择题

1．设置 Canvas 大小的正确方式是（　　）。

A．CSS 选择，然后设置 width、height

B．通过 Canvas 标签的 style 属性设置

C．通过 Canvas 标签的 width、height 属性设置

D．Canvas 会自动设置

2．将绘画环境 ctx 的填充颜色设置为红色的方法是（　　）。

A．ctx.fillStyle='red'　　　　　　　　B．ctx.strokeStyle='red'

C．ctx.addColorStop('red')　　　　　　D．ctx.shadowColor = 'red'

3．IE 浏览器从哪个版本开始支持 Canvas（　　）。

A．IE7　　　　　B．IE8　　　　　C．IE9　　　　　D．IE10

4．以下不是 Canvas 方法的是（　　）。

A．getContext()　　B．fill()　　C．stroke()　　D．controller()

5．若设置 context.lineCap="square"，那么线条端点样式会是（　　）。

A．没有效果　　　B．圆形线帽　　　C．尖角　　　D．正方形线帽

6．可以绘制矩形并且描边的方法是（　　）。

A．stroke()　　　B．rect()　　　C．strokeRect()　　　D．clearRect()

7．在画布上填充问题的方法是（　　）。

A．font()　　　B．fillText()　　　C．strokeText()　　　D．measureText()

8．设置在画布上垂直居中定位文本的方法是（　　）。

A．context.textAlign="center"　　　　B．context.textAlign="middle"

C．context.textBaseline="center"　　　D．context.textBaseline="middle"

9．在画布上绘制图像、画布或视频的方法为（　　）。

A．image()　　　　　B．img()　　　　　C．drawImage()　　　　　D．putImageData()

10．关于 drawImage() 的参数个数的说法错误的是（　　）。

A．3 个　　　　　B．5 个　　　　　C．7 个　　　　　D．9 个

二、简答题

简述 Canvas 和 SVG 的区别。

第 5 章

HTML5 中的 WebSocket 的应用

熟悉 Ajax 轮询技术的读者都应该知道如何模拟实时聊天与内容的推送，但是随着用户群逐渐庞大，导致服务器不堪重负。那么应该如何解决这样的问题，释放服务器的压力呢？

HTML5 的 API 中给出了 WebSocket API，这项 API 可以实现日常开发中最常见的聊天室功能。本章笔者将以实例贯穿，逐步讲解如何使用 WebSocket 构建即时通信应用。

本章二维码里面包括：
1. 本章的学习视频；
2. 本章所有实例演示结果；
3. 本章资源包（包括本章所有代码）下载；
4. 本章的扩展知识。

本章二维码

5.1 认识 WebSocket API

5.1.1 简单理解 WebSocket

WebSocket 是现在 HTML5 中最关键也最流行的 API，它和开发中常用的 HTTP 不同，但是两者有一定的交集，学习过数学中的集合的读者都应该知道交集和并集在数学中应用得非常广泛，下面笔者就解释一下。

如图 5-1 所示，我们可以使用此图表示 WebSocket 和 HTTP 之间的关系。假设 A 为 WebSocket，B 为 HTTP，那么它们只存在交集，并不相等，从数学的角度来说它们就是存在交集的两个集合。好了，说了这么多，那么什么是 WebSocket 协议呢？

简单来说，正常的 HTTP 被称为非持久化协议，值得注意的是 HTTP 是无状态的。

WebSocket 协议是持久化的协议，但是这是相对于 HTTP 来说的，因为它不是绝对的持久化状态，但在和 HTTP 进行比较的时候，可以把 WebSocket 协议看作持久化协议，如图 5-1 所示。

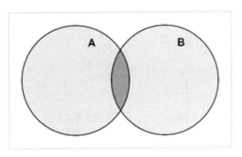

图 5-1　HTTP 和 WebSocket 之间的关系

5.1.2　WebSocket 协议和 HTTP 的不同

首先，说一下大家较熟悉的 HTTP，它从一开始的 1.0 版本发展到现在的 1.1 版本，虽然没有发生很大的变化，但是从 1.1 版本中可以了解到，HTTP 1.1 可以合并多个请求并发送，通过 keep-alive 的新技术同样可以接收多个 response。

使用 PHP 开发后台的人应该理解 PHP 服务器脚本的生命周期，当 PHP 这门语言刚出现的时候，在 HTTP 1.0 中它的生命周期是：发送一个 Request，接收一个 Response，如图 5-2 所示。

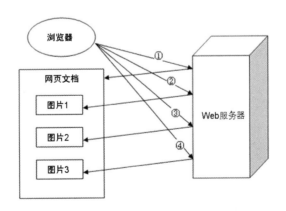

图 5-2　HTTP1.0 请求和响应的过程

在 PHP 发展得越来越成熟的现在，HTTP1.1 中的 keep-alive 技术提高了客户端和服务器端通信的效率，但是这时的 PHP 生命周期是：发送多个 Request，接收多个 Request，如图 5-3 所示。

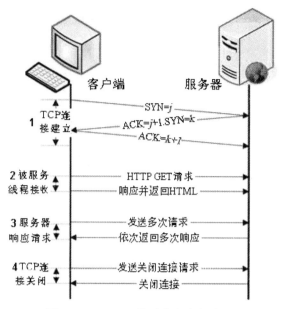

图 5-3　HTTP 1.1 的请求和响应过程

话说回来,如果没有了 Request,服务器也就不会有任何 Response。因为 Response 的被动性,即使现在的模拟客服和买家的通信使用 HTTP 也不能减少资源占用率。

WebSocket 是借用 HTTP 部分和服务器握手的吗?WebSocket 握手阶段的代码片段如下:

```
GET /chat HTTP/1.1
 Host: server.example.com
 Upgrade: websocket
Connection: Upgrade
Sec-WebSocket-Key: x3JJHMbDL1EzLkh9GBhXDw==
Sec-WebSocket-Protocol: chat, superchat
Sec-WebSocket-Version: 13
Origin: http://example.com
```

熟悉 HTTP 的人可能已经发现了,在这段类似 HTTP 的握手请求中,多了几段 HTTP 请求中没有的文字。笔者将逐步讲解,如下:

```
Upgrade: websocket
Connection: Upgrade
```

上面两行文字表述的就是 WebSocket 的核心,其作用就是告诉服务器现在需要发起 WebSocket 握手协议,而不是传统的 HTTP。

接着是下面几行文字:

```
Sec-WebSocket-Key: x3JJHMbDL1EzLkh9GBhXDw==
Sec-WebSocket-Protocol: chat, superchat
Sec-WebSocket-Version: 13
```

这几行文字的意义如表 5-1 所示。

表 5-1 与握手协议相关的属性和说明

属 性	说 明
Sec-WebSocket-Key	实际上是一个 Base64 的 encode 的值
Sec-WebSocket-Protocol	用来区分同一个 URL 下不同的服务
Sec-WebSocket-Version	告诉服务器当前 WebSocket 的草案版本

Sec-WebSocket-Key：实际上是一个 Base64 的 encode 的值，这个值是由浏览器随机产生的，目的就是验证服务器提供 WebSocket 服务。

Sec-WebSocket-Protocol：键值对，表达的是用户提供的一个自定义字符串，这个字符串用来区分同一个 URL 下不同的服务。简单来说就是，用户需要什么服务，服务器就提供对应的服务。

Sec-WebSocket-Version：告诉服务器当前 WebSocket 的草案版本，在之前的 WebSocket 发展中，WebSocket 还在草案阶段。在这个阶段，不同的浏览器厂商开发出不同的版本，版本号层出不穷，幸运的是，现在的主流浏览器版本已经将 WebSocket 的版本稳定下来了。

如果请求顺利，服务器就会返回响应的信息，表示已经成功和客户端建立了 WebSocket 连接。代码片段如下：

```
HTTP/1.1 101 Switching Protocols
Upgrade: websocket
Connection: Upgrade
Sec-WebSocket-Accept: HSmrc0sMlYUkAGmm5OPpG2HaGWk=
Sec-WebSocket-Protocol: chat
```

在上述信息中，读者可以看到之前的重要信息，代码如下：

```
Upgrade: websocket
Connection: Upgrade
```

这段返回的信息告诉了客户端，现在服务器的协议已经升级成了 WebSocket 协议。

紧接着之后的 Sec-WebSocket-Accept 字段返回的是经过加密的 Sec-WebSocket-Key，返回的 Sec-WebSocket-Protocol 字段表示最后的协议。到这里，HTTP 已经完成了所有的任务，下面就是 WebSocket 协议的相关内容了。但是有些读者还是不明白到底 WebSocket 和 HTTP 有什么不同之处，下面笔者就以简单的会话来演示一下。

细说 HTML5 高级 API

5.2 WebSocket 和 HTTP 会话演示

5.2.1 HTTP 的会话演示

使用 Ajax 轮询的方式是在使用 WebSocket 协议之前常常使用的一种方式，其原理就是每隔几秒便向服务器发送一个请求，每次请求都会询问服务器是否有新消息。

下面是文字模拟的场景，文字片段如下：

```
client：第一次，服务器，有没有新信息啊（Request）
server：暂时没有（Response）
client：第二次，服务器，有没有新信息啊（Request）
server：暂时没有（Response）
client：第三次，服务器，有没有新信息啊（Request）
server：没有就是没有……（Response）
client：第四次，服务器，有没有新信息啊（Request）
server：刚好有，你拿去吧（Response）
client：第五次，服务器，有没有新信息啊（Request）
server：你再问试试（Response）
```

以上场景就是经典的 Ajax 轮询的过程。在此过程中，每次请求数据都不得不建立一个新的 HTTP 连接，接着客户端就等待服务器处理和返回数据。如果有消息就返回，整个过程周而复始，消耗巨大的服务器资源。

HTTP 的"被动"让开发者很不舒服，为什么服务端不能主动联系客户端，而只能是客户端发起联系，这很不公平。另外，Ajax 请求的轮询实际上消耗的服务器的性能非常高，因此需要不断地提高服务器的配置和带宽，但是这种方式治标不治本。

5.2.2 WebSocket 的会话演示

HTTP 在即时通信上是有很大的弊端的。而 WebSocket 不管在性能的消耗上还是在速度上都是比较优秀的。在之前的文字叙述中，笔者提到 HTTP 是无状态协议，在完成一次请求之后，所有信息都不会被记录。第二次请求还需要再告诉服务器一遍。WebSocket 解决了这个问题，那么它是如何解决 HTTP 的"被动性"的呢？实际上，在 HTTP 升级成 WebSocket 协议的时候，服务器就已经具备主动向客户端进行消息推送的能力了。下面是 WebSocket 会话的文字场景的模拟。文字片段如下：

```
client：服务器，我要建立 WebSocket 协议，需要的服务：chat，WebSocket 协议版本：17（HTTP Request）
server：好的，马上为你服务，已升级为 WebSocket 协议（HTTP Protocols Switched）
client：请在有新消息的时候推送给我
```

server：好的，有新消息的时候马上推送给你
server：您有一条信息
server：您有一条添加好友的消息
server：您有一条系统消息
server：您的好友向你发送了一条新消息

在上面的文字场景中，我们发现只要将 HTTP 成功升级为 WebSocket 协议，就可以完成服务器不断地向客户端进行消息推送的功能了。这样的方式不但解决了服务器资源消耗过高的问题，而且在某种程度上解决了同步延迟的问题。

我们之前介绍了 WebSocket 的通信原理，为了让读者能直观地使用 WebSocket 中的方法和属性，笔者在这里列出了 WebSocket 基础的属性和方法。

5.2.3 浏览器的支持情况

我们不能因为浏览器不支持，就不使用 WebSocket 这个好用的即时通信 API，因此，笔者在这里列出了支持的浏览器及最低版本，如表 5-2 所示。

表 5-2　各大主流浏览器支持的 WebSocket API 的最低版本

浏览器	支持版本
Chrome	Supported in version 4+
Firefox	Supported in version 4+
Opera	Supported in version 10+
Safari	Supported in version 5+
IE(Internet Explorer)	Supported in version 10+

5.2.4　WebSocket 的 API 常用的方法和属性

WebSocket 对象提供了一组 API，用于创建和管理 WebSocket 连接，以及通过连接发送和接收数据。

创建 WebSocket 对象

```
var ws= new WebSocket(url, [protocols] );
```

url	表示要连接的 URL。这个 URL 应该为响应 WebSocket 的地址
protocols	可以是一个单个的协议名字字符串，或者包含多个协议名字字符串的数组

1. WebSocket API 常用的方法

close([code][,reason])	关闭 WebSocket 连接或停止正在进行的连接请求

code	一个数字值，表示关闭连接的状态号
reason	一个可读的字符串，表示连接被关闭的原因

send(data)	通过 WebSocket 连接向服务器发送数据

data	一个数字值，表示关闭连接的状态号

2. WebSocket API 常用的属性

onclose	用于监听连接关闭的事件监听器。当 WebSocket 对象的 readyState 状态变为 CLOSED 时会触发该事件，接收一个 close event 对象
onerror	当错误发生时用于监听 error 事件的事件监听器，会接收一个 error event 对象
onmessage	一个用于消息事件的事件监听器，当有消息到达时该事件会触发，会接收一个 message event 对象
onopen	一个用于连接打开事件的事件监听器。当 readyState 的值变为 OPEN 的时候会触发该事件，接收一个 open event 对象
readyState	连接的当前状态。 0——连接还没有开启　　　　　1——连接已开启并准备好进行通信 2——连接正在关闭的过程中　　3——连接已经关闭，或者连接无法建立

聊天室常用的 Packages

在我们的随书配套资源中，读者可以看到原生 WebSocket API 的基本用法，笔者在这里主要讲解的是最常用的 WebSocket 的中间件：websocket.io。

5.3 经典案例：WebSocket 聊天室

在我们的项目文件夹中创建一个新的文件夹，在此之前，读者需要保证 node.js 和 npm 都正常运行，检测的代码片段如下：

```
node -v    //打印当前 node 版本号
v4.5.0     //打印的值
npm -v     //打印当前 npm 版本号
2.4.9      //打印的值
```

读者在测试 node 和 npm 的时候需要注意，由于 node 版本的更迭，故显示的 node 版本和 npm 版本和现在的不同，这是正常现象。

5.3.1 服务器代码片段

下面是相关的代码书写，在书写代码之前，首先应该创建一个项目文件夹。在这个文件夹中，可以使用 Express 脚手架作为我们的项目结构。然后在项目的根目录下新建一个 package.json 文件，并编辑这个文件，添加下面一段代码：

```
{
  "name": "IM",
  "version": "0.0.2",
  "description": "即时在线聊天室",
  "dependencies": {
    }
}
```

之后，可以直接使用 npm 的命令，或者使用国内的 cnpm 工具安装中间件，运行以下命令安装 express 和 socket.io 中间件，代码片段如下：

```
npm install --save express
npm install --save socket.io
```

这样 Socket.io 和 Express 的中间件就安装好了。这时在项目根目录下会生成 node_modules 文件夹，在这个文件夹中存放着之前保存的中间件文件。

现在在根目录下新建一个 index.js 文件，并编辑内容，如下：

```
var app = require('express')();
var http = require('http').Server(app);
var io = require('socket.io')(http);

app.get('/', function(req, res){
    res.send('<h1>服务器现在正常运行了</h1>');
});
http.listen(3000, function(){
    console.log('listening on *:3000');
});
```

保存这个文件，在命令行中使用 node 命令运行这个文件，如下：

```
node index.js
```

若控制台的命令行正常会打印如下值：

```
listening on *:3000
```

接着，在浏览器端口访问 localhost:3000，若运行正常返回的界面如图 5-4 所示。

图 5-4　访问 localhost:3000 端口的结果

接着，完善服务端 index.js，代码片段如下：

```js
var app = require('express')();                    //引入express中间件
var http = require('http').Server(app);            //引入http中间件
var io = require('socket.io')(http);               //引入socket.io 中间件

app.get('/', function(req, res){
    res.send('<h1>服务器正常运行</h1>');
});

                                                   //声明在线用户集合
var onlineUsers = {};
                                                   //声明当前在线人数
var onlineCount = 0;

io.on('connection', function(socket){
    console.log('一个用户连接了');

                                                   //监听新用户登录
    socket.on('login', function(obj){
//将新加入用户的唯一标识当作socket的名称,后面退出的时候会用到
        socket.name = obj.userid;

//检查在线列表，如果不在里面就加入
        if(!onlineUsers.hasOwnProperty(obj.userid)) {
            onlineUsers[obj.userid] = obj.username;
//在线人数+1
            onlineCount++;
        }

//向所有客户端广播用户加入
        io.emit('login', {onlineUsers:onlineUsers, onlineCount:onlineCount, user:obj});
        console.log(obj.username+'加入了聊天室');
    });

//监听用户退出
    socket.on('disconnect', function(){
//将退出的用户从在线列表中删除
        if(onlineUsers.hasOwnProperty(socket.name)) {
//退出用户的信息
            var obj = {userid:socket.name, username:onlineUsers[socket.name]};

//删除
            delete onlineUsers[socket.name];
//在线人数-1
            onlineCount--;
```

```javascript
46
47 //向所有客户端广播用户退出
48         io.emit('logout', {onlineUsers:onlineUsers, onlineCount:onlineCount, user:obj});
49         console.log(obj.username+'退出了聊天室');
50     }
51 });
52
53 //监听用户发布聊天内容
54     socket.on('message', function(obj){
55         //向所有客户端广播发布的消息
56         io.emit('message', obj);
57         console.log(obj.username+'说: '+obj.content);
58     });
59 });
60 //开启端口监听服务，端口号为3000
61 http.listen(3000, function(){
62     console.log('listening on *:3000');
63 });
```

5.3.2 HTML 界面代码片段

首先完善界面的整体布局，因为笔者将登录和聊天的界面全部放在了一个 HTML 文件中。因此，先隐藏聊天室的聊天界面，只有用户提交了用户名之后才能进入聊天室。实现之后的登录界面如图 5-5 所示，完善的 index.html 的代码片段如下：

```html
1  <!DOCTYPE html>
2  <html lang="zh-cn">
3  <head>
4      <meta charset="utf-8">
5      <meta http-equiv="X-UA-Compatible" content="IE=edge">
6      <meta name="viewport" content="width=device-width, initial-scale=1">
7      <title>多人聊天室主界面</title>
8
9      <!-- Bootstrap -->
10     <link href="css/bootstrap.min.css" rel="stylesheet">
11
12     <!-- HTML5 shim and Respond.js for IE8 support of HTML5 elements and media queries -->
13     <!-- WARNING: Respond.js doesn't work if you view the page via file:// -->
14     <!--[if lt IE 9]>
15     <script src="js/html5shiv.min.js"></script>
16     <script src="js/respond.min.js"></script>
17     <![endif]-->
18     <script src="http://localhost:3000/socket.io/socket.io.js"></script>
19 </head>
20 <body>
21
22 <div class="container" style="background: #f5f5f5">
23     <ul class="nav nav-tabs" role="tablist" id="myTabs">
24         <li role="presentation" class="active"><a href="#">主页</a></li>
25         <li role="presentation"><a href="#">兄弟连</a></li>
26         <li role="presentation"><a href="#">IT教育</a></li>
27     </ul>
28     <!--登录界面-->
29     <div class="login-box" id="loginbox">
30         <ol class="breadcrumb">
31             <li><a href="#">聊天室</a></li>
32             <li class="active">登录</li>
33         </ol>
```

```html
<!--登录提示内容区域-->
<div class="jumbotron">
    <div class="row">
        <div class="col-sm-12 col-md-12 col-lg-12 col-xs-12 col-xs-offset-5
        col-sm-offset-5 col-md-offset-5 col-lg-offset-5 text-primary">
            请输入您在聊天室中的昵称
        </div>

        <!--<div class="col-xs-6">.col-xs-6</div>-->
    </div>
</div>
<!--用户输入用户名部分-->
<div class="row" style="padding-bottom: 2rem">
    <div class="col-sm-12 col-lg-12 col-xs-12">
        <div class="input-group">
            <input type="text" class="form-control" placeholder="请输入用户名"
            id="username" name="username">
            <span class="input-group-btn">
                <button class="btn btn-success" type="button" onclick=
            </span>
        </div><!-- /input-group -->
    </div>
</div>
</div>
<!--聊天室界面-->
<div class="chat-box hide" id="chatbox">
    <!--路径-->
    <ol class="breadcrumb">
        <li><a href="#">主页</a></li>
        <li><a href="#">聊天室</a></li>
        <li class="active">聊天</li>
    </ol>
    <!--用户操作-->
    <div class="alert alert-info" role="alert">
        <span class="btn btn-primary" onclick="CHAT.logout()">退出</span>
        <span class="pull-right" id="showusername">用户名：XXX</span>
    </div>
    <!--在线人员列表-->
    <ul class="list-group" style="padding-top: 1rem" id="show_online_user_list">
        <li class="list-group-item active">在线人员列表</li>
    </ul>
    <!--动态提示面板-->
    <div class="jumbotron">
        <div class="row" id="online_user_add_tip">
            <div class="col-lg-6 text-primary" id="onlinecount">
            当前在线人数为：1人</div>
            <!--<div class="col-sm-12 col-md-12  col-lg-12 col-xs-12 col-xs-offset-5
            col-sm-offset-5 col-md-offset-5 col-lg-offset-5 text-warning">-->
            <!--XXX加入本聊天室-->
            <!--</div>-->
        </div>
    </div>
    <!--用户消息展示区域-->
    <div class="message" id="message">

    </div>
    <!--用户发送内容的输入部分-->
    <div class="row" style="padding-bottom: 2rem">
        <div class="col-sm-12 col-lg-12 col-xs-12">
            <div class="input-group">
                <input type="text" class="form-control" placeholder=
                "请输入聊天内容，按Enter提交" id="content" name="content">
```

```
91                          <span class="input-group-btn">
92                              <button class="btn btn-success" type="button" id="mjr_send" onclick=
                                "CHAT.submit();">发送</button>
93                          </span>
94                      </div><!-- /input-group -->
95                  </div>
96              </div>
97
98          </div>
99  </div>
100 <!-- jQuery (necessary for Bootstrap's JavaScript plugins) -->
101 <script src="js/jquery-3.1.1.min.js"></script>
102 <!-- Include all compiled plugins (below), or include individual files as needed -->
103 <script src="js/bootstrap.min.js"></script>
104 <!--客户端的逻辑-->
105 <script src="client.js"></script>
106 <script>
107     $(function () {
108         //头部导航页切换
109         $("#myTabs > li").each(function () {
110
111             $(this).on("click", function () {
112                 $("#myTabs li[class='active']").removeClass('active');
113                 $(this).toggleClass("active")
114             })
115         });
116     });
117 </script>
118 </body>
119 </html>
```

图 5-5   index.html 文件在浏览器中的显示效果

至此，布局写好了，但是功能都没有实现，界面中的功能按钮都没有绑定相应的功能，下面笔者将实现客户端的功能。

5.3.3 客户端的实现

对于客户端的 javascript 文件，笔者使用的是单独的文件。新建一个 client.js 文件，这个文件在被引用的同时开始自运行，使得初始化效率更高，客户端代码片段如下：

```javascript
(function () {
                                        //初始化自定义常量
    var d = document,
        w = window,
        p = parseInt,
        dd = d.documentElement,
        db = d.body,
        dc = d.compatMode == 'CSS1Compat',
        dx = dc ? dd : db,
        ec = encodeURIComponent;

                                        //创建聊天室常用属性和方法
    w.CHAT = {
        msgObj: d.getElementById("chatbox"),
        screenheight: w.innerHeight ? w.innerHeight : dx.clientHeight,
        username: null,
        userid: null,
        socket: null,
//让浏览器滚动条保持在最底部
        scrollToBottom: function () {
            w.scrollTo(0, this.msgObj.clientHeight);
        },
//退出操作相当于简单刷新界面
        logout: function () {
            //this.socket.disconnect();
            location.reload();
        },
//处理提交的消息内容
        submit: function () {
            var content = d.getElementById("content").value;
            if (content != '') {
                var obj = {
                    userid: this.userid,
                    username: this.username,
                    content: content
                };
                this.socket.emit('message', obj);
                d.getElementById("content").value = '';
            }
            return false;
        },
        genUid: function () {
            return new Date().getTime() + "" + Math.floor(Math.random() * 899 + 100);
        },
//更新系统消息，本例中在用户加入、退出的时候调用
        updateSysMsg: function (o, action) {
//当前在线用户列表
            var onlineUsers = o.onlineUsers;
//当前在线人数
            var onlineCount = o.onlineCount;
//新加入用户的信息
            var user = o.user;

//更新在线人数
            var user_all = '<li class="list-group-item active">在线人员列表</li>';
            for (key in onlineUsers) {
                if (onlineUsers.hasOwnProperty(key)) {
                    // userhtml += separator+onlineUsers[key];
                    user_all += "<li class=\"list-group-item\">" + onlineUsers[key] + "</li>";
```

```javascript
                $("#show_online_user_list").html(user_all);
            }
        }
//显示当前的在线人数
            d.getElementById("onlinecount").innerHTML = '当前共有 ' + onlineCount + ' 人在线';

//添加系统提示消息
        var html = '';
        html += "<div class=\"col-sm-12 col-md-12  col-lg-12 col-xs-12 col-xs-offset-5 col-sm-offset-5  col-md-offset-5 col-lg-offset-5  text-warning\">";
        html += user.username;
        html += (action == 'login') ? ' 加入了聊天室' : ' 退出了聊天室';
        html += '</div>';
        $("#online_user_add_tip").append(html);
        this.scrollToBottom();
    },
//用户在登录界面提交用户名之后
    usernameSubmit: function () {
        console.log('用户提交了用户名');
        var username = d.getElementById("username").value;
        if (username != "") {
            d.getElementById("username").value = '';
// 显示聊天界面
            $("#chatbox").removeClass("hide");
//隐藏登录界面
            $("#loginbox").addClass("hide");
//初始化聊天室
            this.init(username);
        }
        return false;
    },
    init: function (username) {
        /*
        客户端是根据时间和随机数生成ID,因此聊天室用户名称可以重复。
        实际项目直接使用用户的ID
        */
        this.userid = this.genUid();
        this.username = username;

        d.getElementById("showusername").innerHTML = this.username;
        this.scrollToBottom();

//连接websocket后端服务器
        this.socket = io.connect('ws://localhost:3000');
//告诉服务器端有用户登录
        this.socket.emit('login', {userid: this.userid, username: this.username});

//监听新用户登录
        this.socket.on('login', function (o) {
            CHAT.updateSysMsg(o, 'login');
        });

//监听用户退出
        this.socket.on('logout', function (o) {
            CHAT.updateSysMsg(o, 'logout');
        });

//监听消息发送
        this.socket.on('message', function (obj) {
            // 首先确定发送消息的ID是谁
            var isme = (obj.userid == CHAT.userid) ? true : false;
            var contentDiv = '<div>' + obj.content + '</div>';
            var usernameDiv = '<span>' + obj.username + '</span>';

//如果发送消息的ID是自己,那么显示消息在右边
            if (isme) {
                console.log("自己在发消息");
                var isme_message = '';
```

```
129                    isme_message += "<div class=\"media\">";
130                    isme_message += "<a class=\"media-right pull-right\" href=\"#\">";
131                    isme_message += "<img src=\"images/icon1.png\" alt=\"...\"
                       class=\"img-circle\">";
132                    isme_message += "</a>";
133                    isme_message += "<div class=\"media-body\" style=\"padding-top:2rem\">";
134                    isme_message += "<h4 class=\"media-heading\">" + obj.content + "</h4>";
135                    isme_message += "</div>";
136                    isme_message += "<h5 class=\"text-danger\" style=\"display:
                       flex;flex-direction: row;justify-content: flex-end;\">" + obj.username +
                       "</h5>";
137                    isme_message += "</div>";
138                    $("#message").append(isme_message);
139                } else {
140                    console.log("其他用户在发消息。");
141                    //如果发送消息的ID是其他人，那么消息显示在左边
142                    var notme_message = '';
143                    notme_message += "<div class=\"media  col-sm-12 col-lg-12 col-xs-12 \">";
144                    notme_message += "<a class=\"media-left\" href=\"#\">";
145                    notme_message += "<img src=\"images/icon1.png\" alt=\"...\"
                       class=\"img-circle\">";
146                    notme_message += "</a>";
147                    notme_message += "<div class=\"media-body\" style=\"padding-top:2rem\">";
148                    notme_message += "<h4 class=\"media-heading\">" + obj.content + "</h4>";
149                    notme_message += "</div>";
150                    notme_message += "<h5 class=\"text-danger\" style=\"padding-left:
                       0.75rem\">" + obj.username + "</h5>";
151                    notme_message += "</div>";
152                    $("#message").append(notme_message);
153                }
154 //滚动到消息底部
155                CHAT.scrollToBottom();
156            });
157
158        }
159    };
160    //登录界面通过回车键提交信息
161    d.getElementById("username").onkeydown = function (e) {
162        e = e || event;
163        if (e.keyCode === 13) {
164            CHAT.usernameSubmit();
165        }
166    };
167    //聊天界面同样通过回车键提交信息
168    d.getElementById("content").onkeydown = function (e) {
169        e = e || event;
170        if (e.keyCode === 13) {
171            CHAT.submit();
172        }
173    };
174 })();
```

客户端的代码完成了，通过代码片段可以发现都是为 JavaScript 方法中的事件进行绑定。首先是登录界面，需要将登录方法和登录界面进行绑定，在进入聊天室的时候，需要进行更细致的数据处理。需要处理当前的用户 ID 和当前用户的消息监听，这些笔者都在代码片段中进行了注释和详解。另外，最需要注意的是处理数据的方式，在这个客户端的 JavaScript 代码中，有很多细节需要注意，在实际的项目开发中不能忽视这些，例如随机 ID 的算法、字符串的拼接、数据的填充等。

5.3.4 效果演示和详解

接着，笔者将自己的 HTML 代码和相关的文件放在本地或远程的 Nginx 或者 Apache 服务器上运行即可。另外，index.js 服务器文件需要放在 Node.js 环境中运行，Node.js 作为好用的后端服务器语言，为程序的测试提供了非常好的环境，运行服务器文件之后，可以在命令行看到以下打印消息：

```
Administrator@MR-20160728WNFR E:\opt\Writting\codes\example\C15\letChat
$ node index.js
listening on *:3000
```

图 5-6　命令行运行 node index.js 的效果

接着访问之前的 index.html 文件，效果如图 5-7 所示。

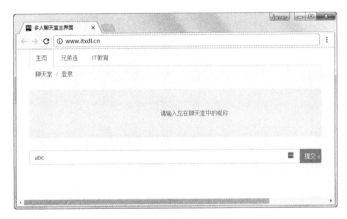

图 5-7　聊天室主界面

访问主界面之后输入任意用户名，例如，笔者输入"abc"，就会进入聊天界面。在聊天主界面可以看到在左上角显示的"abc"，即刚才填写的昵称，效果如图 5-8 所示。

图 5-8　登录后的聊天室主界面（1）

读者可以重新打开一个浏览器窗口访问之前的地址，并填写其他的用户名，笔者填写的用户名是"qwer"，效果如图 5-9 所示。

图 5-9　登录后的聊天室主界面（2）

按照上面的方式，我们就可以进入聊天界面进行正常的实时聊天了，这主要依赖于 node.js 和 WebSocket 的效率及 Socket 通信方式的极大优越性。在界面的左上角，用户可以单击"退出"按钮退出操作；"在线人员列表"显示的是实时在线人员；"通知"功能会通知在线人员实时消息，作为通知的方式，上面一行用来统计一共有多少人在线，简洁明了，如图 5-10 所示。

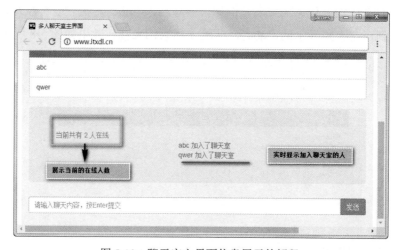

图 5-10　聊天室主界面信息展示的解释

下面笔者将使用之前创建的用户 ID 进行消息收发的测试，首先使用用户 ID 为 "abc" 的界面进行测试，可以看到如图 5-11 所示的界面消息显示的实时效果。

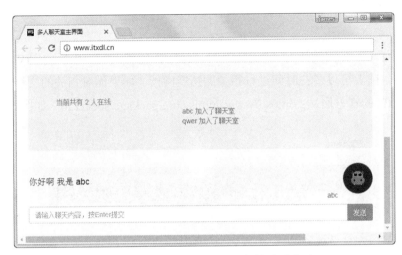

图 5-11　用户 "abc" 发送消息的效果演示

下面笔者切换到另一个用户 "qwer" 的消息界面。这里说明一下，这个界面做得非常简洁，没有添加丰富的样式，读者自己测试的时候可以自由定制，如图 5-12 所示，本案例的消息的实时性就体现出来了。

综上所述，两个不同的浏览器窗口模仿的两个用户实现了最基本的即时通信，至此，本例就全部完成了。

图 5-12　"qwer" 用户的聊天界面接收到的消息

细说 HTML5 高级 API

5.4 本章总结

本章我们学习了如何使用 WebSocket 和 Node.js 搭建聊天室，以后使用 WebSocket 的次数会越来越多，读者可以多花时间进行相关的拓展阅读。如果你对相关的文档感兴趣，请访问 WebSocket.IO 的官方网站：https://www.npmjs.com/package/socket.io，如图 5-13 所示。

图 5-13　WebSocket.IO 的官方网站界面

　　本章资源包　　　　　　　　本章扩展知识

第6章 FileReader API 的引用

以前,通过浏览器处理(读写和上传)磁盘本地文件往往需要使用很多插件,因此维护成本也翻了一倍。着眼于现在的 Web 开发,HTML5 引入了大量全新的 API,这些 API 减少了开发者的开发周期,降低了项目目标开发的难度。本章我们需要了解的 FileReader API,可以很方便地让开发者使用 JavaScript 实现对磁盘文件的读写和上传操作。本章笔者会通过两个实例让读者认识学会使用 FileReader API 并构建简单的 Web 应用程序。

本章二维码里面包括:
1. 本章的学习视频;
2. 本章所有实例演示结果;
3. 本章习题及其答案;
4. 本章资源包(包括本章所有代码)下载;
5. 本章的扩展知识。

本章二维码

6.1 FileReader API 的概念

FileReader API 提供了大量的方法来读取 File 对象或 Blob 对象,并且这些方法都是异步的。因此,这就意味着当程序读取文件时并不会发生阻塞,使用这些方法读取大文件将更加有用。

简单来说,FileReader 对象可以异步读取存储在开发者的计算机磁盘上的数据内容,可以使用 File 对象或 Blob 对象来指定所要处理的文件或数据。File 对象提供了三种方式来读取文件,第一种方式是读取用户在<input>元素选择文件之后返回的 FileList 对象,第二种方式是读取使用拖放 API 的方式自动生成的 DataTransfer 对象,第三种方式是获取在 HTML 文档中的 canvas 上执行的 mozGetAsFile()方法后返回的对象。

笔者将通过以下代码片段展示如何创建 FileReader 的新实例：

```
var reader = new FileReader();
```

在下面的章节中，读者将看到 FileReader 提供的方法和其提供的相关属性的状态值。

6.2 FileReader API 的相关方法

6.2.1 readAsText()方法

readAsText()方法可以用来读取文本文件，这个方法有两个参数，第一个参数用来读取 File 对象或 Blob 对象。第二个参数用来指定文件的编码，这是可选参数，如果开发者不指定其编码格式，则默认使用国际通用的 UTF-8 编码格式。

由于这是一个异步方法，我们需要在文件加载完成时设置事件监听器。当调用 onload 事件时，可以访问 FileReader 实例的 result 属性以获取文件的内容。对于 FileReader 提供的所有读取方法，开发者需要使用相同的方式获取内容。

下面笔者将展示使用这个方法的代码片段：

```
var reader = new FileReader();

reader.onload = function(e) {
    var text = reader.result;
}

reader.readAsText(file, encoding);
```

6.2.2 readAsDataURL()方法

readAsDataURL()方法接收 File 对象或 Blob 对象，并生成 data URL。实际上这基本是一个 Base64 编码的文件数据字符串。开发者可以使用 data URL 设置图片的 src 属性。这个方法的基本使用方法如下：

```
var reader = new FileReader();

reader.onload = function(e) {
    var dataURL = reader.result;
}

reader.readAsDataURL(file);
```

6.2.3 readAsBinaryString()方法

readAsBinaryString()方法可以读取任何类型的文件。调用该方法将从文件返回原始二进制数据。使用 readAsBinaryString()和 XMLHttpRequest.sendAsBinary()方法，开发者可以通过编辑好的 JavaScript 脚本将任何文件上传到服务器。下面，先来看一下这个方法的基本使用方法：

```
var reader = new FileReader();

reader.onload = function(e) {
   var rawData = reader.result;
}

reader.readAsBinaryString(file);
```

6.2.4 readAsArrayBuffer()方法

readAsArrayBuffer()方法将读取一个 Blob 对象或 File 对象，并产生一个 ArrayBuffer 对象。ArrayBuffer 对象是一个固定长度的二进制数据缓冲。它们在处理文件上可以派上用场（如将 JPEG 图像转换为 PNG）。下面，大家先来看一下这个方法的基本使用方法，代码片段如下：

```
var reader = new FileReader();

reader.onload = function(e) {
   var arrayBuffer = reader.result;
}

reader.readAsArrayBuffer(file);
```

6.2.5 abort()方法

abort()方法可以终止任意操作，因此，在读取大文件的时候，这个方法将派上用场。这个方法的使用方式比较简单，如下：

```
Reader.abort()
```

6.3 实例：读取文本内容

6.3.1 思路分析

首先从 FileReader API 读取文本文档的内容的案例开始讲解，我们需要在 HTML 文档中

添加一个文件类型的 input 元素,用来选取本地文件。然后添加一个 pre 元素,用来显示文本文件的内容,其他的 JavaScript 代码片段及 CSS 样式代码片段分别使用 index.js 和 index.css 文件存放,放在对应的文件夹中引入即可。

6.3.2 HTML 文档代码片段

构建 HTML 界面,根据之前的案例思路分析,HTML 代码实例如下:

```html
<!DOCTYPE html>
<html lang="zh-cn">

<head>
    <meta charset="utf-8">
    <meta http-equiv="X-UA-Compatible" content="IE=edge">
    <meta name="viewport" content="width=device-width, initial-scale=1">
    <title>文本文件读取案例</title>

    <!-- Bootstrap -->
    <link href="css/bootstrap.min.css" rel="stylesheet">
    <!--index.js-->
    <link rel="stylesheet" href="css/index.css">
    <!-- HTML5 shim and Respond.js for IE8 support of HTML5 elements and media queries -->
    <!-- WARNING: Respond.js doesn't work if you view the page via file:// -->
    <!--[if lt IE 9]>
    <script src="js/html5shiv.min.js"></script>
    <script src="js/respond.min.js"></script>
    <![endif]-->
</head>

<body>
    <div class="container">
        <ul class="nav nav-tabs" role="tablist" id="myTabs">
            <li role="presentation" class="active"><a href="#">主页</a></li>
            <li role="presentation"><a href="#">兄弟连</a></li>
            <li role="presentation"><a href="#">IT教育</a></li>
        </ul>
        <!--页头-->
        <div class="page-header">
            <h1>文本文件读取案例<small>text file reader</small></h1>
        </div>
        <!--表单组 用来选取本地存储文件-->
        <div class="form-group">
            <label for="fileInput">File API</label>
            <input type="file" id="fileInput">
            <p class="help-block">请选择磁盘上的文本文件</p>
        </div>
        <!--pre 标签,用来展示文本文件的内容-->
        <pre id="fileDisplayArea">
&lt;p&gt;Sample text here...&lt;/p&gt;
        </pre>
    </div>

    <!-- jQuery (necessary for Bootstrap's JavaScript plugins) -->
    <script src="js/jquery-3.1.1.min.js"></script>
    <!-- Include all compiled plugins (below), or include individual files as needed -->
    <script src="js/bootstrap.min.js"></script>
```

```
49  <!--index.js-->
50  <script src="js/index.js"></script>
51  <script>
52      $(function () {
53          //头部导航页切换
54          $("#myTabs > li").each(function () {
55
56              $(this).on("click", function () {
57                  $("#myTabs li[class='active']").removeClass('active');
58                  $(this).toggleClass("active")
59              })
60          });
61
62      });
63  </script>
64  </body>
65
66  </html>
67
```

运行上述代码，其运行的效果图如图 6-1 所示，基本的元素和代码展示区域已经完成，现在就可以单击"选择文件"按钮选取需要的文件内容。但是目前这个按钮没有此功能，因此，下面需要给这个文件选择 input 元素书写响应的 JavaScript 代码。在此之前，我们需要先在硬盘上的工作目录新建一个 txt 格式的文本文件，文本内容如下：

```
<div class="alert alert-success" role="alert">...</div>
<div class="alert alert-info" role="alert">...</div>
<div class="alert alert-warning" role="alert">...</div>
<div class="alert alert-danger" role="alert">...</div>
```

图 6-1　HTML 文件在浏览器上运行的效果图

6.3.3　JavaScript 代码片段

之后，为了能够实现将选择的文本文件的内容展示在内容展示区域，我们必须使用 JavaScript 代码来实现这些功能，代码片段如下：

```
 1
 2                /*文档加载完成之后运行*/
 3 window.onload = function() {
 4            // 声明变量 fileInput，表示file类型的输入框
 5     var fileInput = document.getElementById('fileInput');
 6            // 声明变量 fileDisplayArea，表示文本内容的展示区域
 7     var fileDisplayArea = document.getElementById('fileDisplayArea');
 8            //监听input元素change事件
 9     fileInput.addEventListener('change', function(e) {
10            // 获取文件
11         var file = fileInput.files[0];
12            //文本类型正则
13         var textType = /text.*/;
14            //如果文件类型符合上述文本正则
15         if (file.type.match(textType)) {
16            //使用构造函数new一个reader对象
17             var reader = new FileReader();
18            //当读取操作成功完成时调用
19             reader.onload = function(e) {
20                 fileDisplayArea.innerText = reader.result;
21             };
22            //开始读取指定的Blob对象或File对象中的内容
23             reader.readAsText(file);
24         } else {
25            //提示不支持当前文件类型
26             fileDisplayArea.innerText = "不支持此文件类型!"
27         }
28     });
29 };
30
```

6.3.4 简单的 CSS 代码片段

在调整目标显示区域的样式，或者读者需要自己添加其他的样式时，需要自定义自己的 CSS 样式，笔者只是简单地调整了显示文本内容的区域，其 CSS 代码片段如下：

```
1
2 #fileDisplayArea {        /*调整目标显示区域的位置*/
3     margin-top: 2em;
4     width: 100%;
5     overflow-x: auto;
6 }
```

6.3.5 必要属性和事件驱动

我们完成了第一个实例，在这个实例中，我们使用 FileReader API 的 readAsText()方法完成了本地文本的读取，读者可以自己编辑文本文件，然后使用这个实例读取内容，其运行效果如图 6-2 所示。

图 6-2 选择文件之后的运行结果

至此完成了第一个实例的全部展示，笔者将详细阐述重要的属性和事件驱动，以便读者进行查阅和比较。FileReader 的常用属性如表 6-1 所示。

表 6-1 FileReader 的常用属性

属 性 名	类 型	描 述
error	DOMError	当读取文件时发生错误
readyState	Unsigned short	表明 FileReader 对象的当前状态，值为 State constants 中的一个
result	jsval	读取到的文件内容，这个属性只在读取操作完成之后有效，并且数据的格式取决于读取操作是由哪个方法发起的

我们在案例中经常使用的是 result 属性，通过这个属性可以获取读取操作之后的值。当然，我们在使用各个方法的过程中，也能够获取常量。例如读取文件内容完毕，正在读取这些比较常见的常量，因此，简单陈述这些常量是非常必要的，如表 6-2 所示。

表 6-2 属性状态的常量

常 量 名	值	描 述
EMPTY	0	还没有加载任何数据
LOADING	1	数据正在被加载
DONE	2	已完成全部的读取请求

6.4 实例：读取图像文件

6.4.1 JavaScript 代码片段

和上一个实例的思路大体一致，开发者只需要使用图片的正则和 readAsDataURL()方法，即可完成 JavaScript 的整体逻辑，JavaScript 的代码片段如下：

```javascript
            /*文档加载完成之后运行*/
window.onload = function () {
            // 声明变量 fileInput ，表示file类型的输入框
    var fileInput = document.getElementById('fileInput');
            // 声明变量 fileDisplayArea ，表示图片的展示区域
    var fileDisplayArea = document.getElementById('fileDisplayArea');
            //监听input元素change事件
    fileInput.addEventListener('change', function (e) {
            // 获取文件
        var file = fileInput.files[0];
            //图片类型正则
        var imageType = /image.*/;
            //如果文件类型符合上述图片正则
        if (file.type.match(imageType)) {
            //使用构造函数new一个reader对象
            var reader = new FileReader();
            //当读取操作成功完成时调用
            reader.onload = function (e) {
            //清空文件展示区域
                fileDisplayArea.innerHTML = "";
            //使用图片的构造函数声明img变量
                var img = new Image();
            //设置img变量的src属性
                img.src = reader.result;
            //将图像添加到文件显示区域
                fileDisplayArea.appendChild(img);
            };
            //使用readAsDataURL ()方法
            reader.readAsDataURL(file);
        } else {
            //如果是其他文件类型，提示
            fileDisplayArea.innerHTML = "文件类型不支持!"
        }
    });
};
```

6.4.2 HTML 代码片段

JavaScript 的代码完成了，我们需要改变一下 HTML 文件的代码片段，HTML 的代码如下：

```html
1  <!DOCTYPE html>
2  <html lang="zh-cn">
3
4  <head>
5      <meta charset="utf-8">
6      <meta http-equiv="X-UA-Compatible" content="IE=edge">
7      <meta name="viewport" content="width=device-width, initial-scale=1">
8      <title>图片文件读取案例</title>
9
10     <!-- Bootstrap -->
11     <link href="css/bootstrap.min.css" rel="stylesheet">
12     <!--index.js-->
13     <link rel="stylesheet" href="css/index.css">
14     <!-- HTML5 shim and Respond.js for IE8 support of HTML5 elements and media queries -->
15     <!-- WARNING: Respond.js doesn't work if you view the page via file:// -->
16     <!--[if lt IE 9]>
17     <script src="js/html5shiv.min.js"></script>
18     <script src="js/respond.min.js"></script>
19     <![endif]-->
20 </head>
21
22 <body>
23     <div class="container">
24         <ul class="nav nav-tabs" role="tablist" id="myTabs">
25             <li role="presentation" class="active"><a href="#">主页</a></li>
26             <li role="presentation"><a href="#">兄弟连</a></li>
27             <li role="presentation"><a href="#">IT教育</a></li>
28         </ul>
29         <!--页头-->
30         <div class="page-header">
31             <h1>图片文件读取案例<small>image file reader</small></h1>
32         </div>
33         <!--表单组 用来选取本地存储文件-->
34         <div class="form-group">
35             <label for="fileInput">File API</label>
36             <input type="file" id="fileInput">
37             <p class="help-block">请选择磁盘上的图片文件</p>
38         </div>
39         <!--div 标签，用来展示图片文件-->
40
41         <div id="fileDisplayArea"></div>
42     </div>
43
44     <!-- jQuery (necessary for Bootstrap's JavaScript plugins) -->
45     <script src="js/jquery-3.1.1.min.js"></script>
46     <!-- Include all compiled plugins (below), or include individual files as needed -->
47     <script src="js/bootstrap.min.js"></script>
48     <!--index.js-->
49     <script src="js/index.js"></script>
50     <script>
51         $(function () {
52             //头部导航页切换
53             $("#myTabs > li").each(function () {
54
55                 $(this).on("click", function () {
56                     $("#myTabs li[class='active']").removeClass('active');
57                     $(this).toggleClass("active")
58                 })
59             });
60
```

```
61          });
62      </script>
63  </body>
64
65  </html>
```

6.4.3 CSS 代码片段

我们需要给图片显示区域加上一层浅灰色的背景，因此，需要给 HTML 文档加上如下代码：

```css
 1  html{
 2      font-size: 62.5%;
 3  }
 4  #fileDisplayArea {          /*调整图片显示区域的样式*/
 5      margin-top: 2em;
 6      width: 100%;
 7      overflow-x: auto;
 8      min-height: 20rem;
 9      background-color: #f5f5f5;
10  }
```

运行以上代码，其初始化的效果如图 6-3 所示。

图 6-3　图片文件读取案例的初始化界面效果

6.4.4 思路梳理

这个演示的 HTML 标记非常类似于以前使用的 HTML。主要的区别是，现在可以使用<div>元素表示相应的 fileDisplayArea（文件显示区域），而不是使用<pre>元素。请注意，JavaScript 文件的名称仍为 index.js。

此演示的初始 JavaScript 代码与之前的实例完全相同。当获得对 HTML 中关键元素的引用后，可以为文件<input>设置事件监听。

接下来，我们从 fileInput 获取第一个文件。然后，创建用于检查文件类型的正则表达式。这次我们需要一个图像文件，所以正则表达式是：/image.*/。

再进行检查，确保所选文件确实是一个图像。

接下来的操作和之前的操作就有所不同了。首先创建一个 FileReader 的新实例，然后为 onload 事件设置一个事件监听。

当这个事件监听被调用时，首先需要清除 fileDisplayArea（文件显示区域），以防已经有一个图像。

当然，可以通过将 fileDisplayArea.innerHTML 设置为空字符串来实现。接下来，创建一个新的 Image 实例，并将其 src 属性设置为由 readAsDataURL()生成的 data URL。

记住，data URL 可以从 FileReader 的 result 属性访问。然后使用 appendChild()将 img 添加到 fileDisplayArea。

最后，我们发出对 readAsDataURL()的调用并传入所选的图像文件。运行这个案例，并且从本地磁盘上选择一个图片资源，读者应该可以看到主页上的图片，其效果图如图 6-4 所示。

图 6-4　图片文件读取案例的效果图

6.5 本章总结

本章我们通过 FileReader API 实现了读取文本和图片内容,在这个过程中将重要的事件也梳理了一番,读者可以根据这两个案例写出其他的案例。读者需将本章的这几个方法和事件属性牢牢记住。

 本章习题及其答案   本章资源包   本章扩展知识

练习题

一、选择题

1. 以下哪个方法是创建一个读取文件对象的（　　）。
   A．new Data()　　　　　　　　　B．new Math()
   C．new String()　　　　　　　　D．new FileReader()

2. HTML5 提供了一个叫 FileReader 的接口,用于异步读取文件内容,以下哪个方法没有被定义（　　）。
   A．readAsBinaryString()　　　　B．readAsText()
   C．readAsDataURL()　　　　　　D．readAsArray()

3. 读取文本文件的内容的方法是（　　）。
   A．readAsDataURL　　　　　　　B．readAsText
   C．readAsBinaryString　　　　D．readAsArrayBuffer

4. 以二进制读取文本文件的内容的方法是（　　）。
   A．readAsDataURL　　　　　　　B．readAsText
   C．readAsBinaryString　　　　D．readAsArrayBuffer

5. 要实现文件拖曳上传需要配合哪个事件（　　）。
   A．drag　　　B．drop　　　C．mousedown　　　D．mouseup

6. 当文件读取成功完成时,FileReader 触发的事件是（　　）。
   A．onabort　　B．onerror　　C．onload　　D．onloadend

7．当文件读取完成时，无论是成功还是失败，FileReader 都触发的事件是（ ）。

A．onabort　　　　B．onerror　　　　C．onload　　　　D．onloadend

8．中断读取操作的方法是（ ）。

A．abort()　　　　B．pause()　　　　C．exit()　　　　D．stop()

9．将 event.dataTransfer.files 中的文件作为 img 的 src 属性不可行的是（ ）。

A．window.URL.createObjectURL()转换

B．URL.createObjectURL()转换

C．FileReader 对象的 readAsDataURL()生成

D．event.dataTransfer.files 元素中的 name 属性

10．下列场景可以使用 FileReader 实现的是（ ）。

A．读取一个拖曳到页面上的图片并显示

B．将一个图片地址的内容转换成二进制上传到服务器

C．将读取的 canvas 中的内容转换成 url

D．获取上传文件的地址，把内容显示到页面

二、简答题

实现将图片文件拖曳到页面自动显示的效果。

第 7 章

HTML5 拖放 API

苹果操作系统给传统的开发人员提供了更多的可操作空间,从 Macintosh 系统到 Mac OS X 系统,现在的计算机及移动设备的可操作性比传统拖放更为精准。在 HTML5 草案发布之前,HTML 并未将拖放 API 加入到 HTML 的核心位置,开发人员在此之前一直是通过基础的鼠标事件实现拖曳的类似功能。在 HTML 的发展过程中,这种方式无法和桌面系统的拖曳功能相提并论。现在,我们已能够非常方便地使用 HTML5 集成好的拖放 API,并能够使用接近桌面级的方式开发应用了。

本章二维码

本章二维码里面包括:
1. 本章的学习视频;
2. 本章所有实例演示结果;
3. 本章习题及其答案;
4. 本章资源包(包括本章所有代码)下载;
5. 本章的扩展知识。

7.1 DOM 和 CSS 实现的类似拖放功能的弊端

早在 HTML5 草案发行之前,聪明的开发者就能够使用开放的鼠标事件和 CSS 样式建立自己的类似于拖放 API 的功能。现在,我们还能在互联网上搜索到大量的基于 DOM 和 CSS 实现的这一功能。然而,不管是处理鼠标事件还是处理元素边界的问题,这往往都比实现功能更加复杂。在 HTML5 发展非常迅速的时代,前端开发的规范趋向于正规化,鼠标事件本来就是用来规范和使用与鼠标相关的事件,我们为什么要使用这些事件来实现拖曳呢?

让我们来看一下与鼠标相关的事件及其说明，如表 7-1 所示。

表 7-1　鼠标事件及其说明

事　　件	说　　明
mousedown	操作开始，用户单击鼠标
mousemove	如果没有松开鼠标，开始移动操作
mouseover	鼠标移动至某元素上
mouseout	鼠标移出了可放置元素区域
mouseup	操作结束，松开鼠标，可以添加元素放置操作

如上所示，我们在使用鼠标事件模拟拖曳功能时，需要向用户提供可供拖曳的特定位置是否能够进行拖放。但是，我们不能确定开发者构建的体系都能够兼容。事实上，在某些情况下使用其他开发者搭建或构建的类似拖放功能的插件时，需要仔细研究是否能够和页面的其他元素进行内容合并。开发者在开发的过程中可以仔细比对和校验代码的准确性，但是在实际操作中，我们很可能处于比较繁忙的开发状态，这种非常特殊的拖放方法不能够应用于桌面客户端的交互，在 HTML5 的新特性中，这些问题终于得到了解决，只需要在适合的场合使用拖放 API 即可。

7.2　拖放 API 的概念

如果读者之前在使用 Java 等编程语言时使用过拖放 API，那么对于 HTML5 中的拖放 API 应该也比较熟悉，相比于之前的基于鼠标基本事件的模拟，现在的拖放 API 功能的封装和集成已经很抽象了，实现指定效果的效率也非常高。

当用户开始拖放操作时，拖动的起始位置被称为拖动源，起始动作应为单击和拖动鼠标指针。从拖动鼠标开始到释放鼠标时指针最终到达的目标区域被称为放置目标，在用户释放鼠标之前也许会经过许多放置目标。

有些我们需要注意的问题，首先，在用户拖动元素过程中，是否需要提供一些反馈信息？例如，显示哪些目标区域不可拖放、显示指定的拖放区域、改变拖放过程中鼠标的样式。

除此之外，我们还应该重视一个关键性的概念——datatransfer（数据传输），在 HTML5 规范中，datatransfer 扮演着中央处理器的角色，负责公开发布拖动的数据存储信息，而且 datatransfer 被定义为一组对象，在 JavaScript 中基于对象的传输方式我们已见多不怪了。

7.3 拖放 API 的事件和说明

用户在使用主流浏览器进行拖放 API 的测试时，一系列的事件都会被触发，下面笔者来逐条解析，详细的事件和说明如表 7-2 所示。

表 7-2　拖放 API 事件和说明

事件名称	说　　明
dragstart	用户主动拖动某个元素时，开始触发 dragstart 事件
drag	被拖动的元素在拖动过程中持续触发的事件
dragenter	被拖动的元素进入新元素的区域，会触发该元素的 dragenter 事件
dragleave	被拖动的元素离开目标元素时触发，应在目标元素区域监听该事件
dragover	被拖动的元素停留在目标元素之中时持续触发，应在目标元素区域监听该事件
drop	被拖动的元素或从文件系统选中的文件，拖放的文件不全时触发此事件
dragend	网页元素拖动结束时触发此事件

表 7-2 是对拖放 API 事件和每个事件的简单说明，接下来我们在实战中需要使用拖放 API 的实用功能。

7.4 拖放 API 的使用

如何在 HTML 代码中使用拖放 API 呢？除了一些文本控制类的元素可以被拖曳，我们为了标记特定的元素可以被拖动，需要给当前元素加上一个属性。一般，使用以下方式进行标记：

```
<div draggable="true">可拖放盒子标签</div>
```

我们只需要添加上述属性与其默认属性值，剩下的工作就交给 JavaScript 中的事件处理函数。下面，我们需要深入理解如何使用 datatransfer 这组对象，其中包含了许多与拖放相关的信息。

我们可以通过监听 dragstart 事件来获取返回的对象中的 datatransfer 对象，详细的 datatransfer 包含的属性和方法如表 7-3 所示。

表 7-3 datatransfer 对象的属性/方法及说明

属性/方法	说明
files	该属性返回和放置相关的所有文件
types	该属性使用数组的形式返回当前注册的格式
effectAllowed	通知浏览器当前可被用户选用的操作，如果只设置 copy，则只允许执行 copy 工作
dropEffect	拖放的操作类型，决定了浏览器如何显示鼠标形状，可能的值为 copy、move、link 和 none
items	该属性返回所有项与相关格式的所有文件
setData(format,data)	在 dragstart 事件调用此函数，用于在 datatransfer 对象上储存数据。参数 format 用来指定储存的数据类型，如 text、url、text/html 等
getData(format)	从 datatransfer 对象取出数据
setDragImage(element,x,y)	使用存在的图像元素作为拖动图像
addElement(element)	调用此函数需要提供一个页面元素作为参考，同时使用此参数作为拖放反馈图像
clearData()	不带参数表示清除所有已注册数据，带参数则清除指定的注册数据

7.5 实例 1：经典列表拖放

我们先来看看 HTML 文件的代码片段，如下：

```html
1  <!DOCTYPE html>
2  <html lang="zh-cn">
3
4  <head>
5      <meta charset="utf-8">
6      <meta http-equiv="X-UA-Compatible" content="IE=edge">
7      <meta name="viewport" content="width=device-width, initial-scale=1">
8      <title>拖放API案例1</title>
9
10     <!-- Bootstrap -->
11     <link href="css/bootstrap.min.css" rel="stylesheet">
12
13     <!-- HTML5 shim and Respond.js for IE8 support of HTML5 elements and media queries -->
14     <!-- WARNING: Respond.js doesn't work if you view the page via file:// -->
15     <!--[if lt IE 9]>
16     <script src="js/html5shiv.min.js"></script>
17     <script src="js/respond.min.js"></script>
18     <![endif]-->
19     <style>
20         /*列表的背景样式*/
```

```
21              .commontest {
22                  min-height: 100px;
23                  background-color: #EEE;
24                  margin: 20px;
25              }
26          </style>
27      </head>
28
29      <body>
30      <div class="container">
31          <ul class="nav nav-tabs" role="tablist" id="myTabs">
32              <li role="presentation" class="active"><a href="#">主页</a></li>
33              <li role="presentation"><a href="#">兄弟连</a></li>
34              <li role="presentation"><a href="#">IT教育</a></li>
35          </ul>
36          <!-- 可拖动列表组 -->
37          <ul class="list-group commontest" id="drag-elements">
38              <li class="list-group-item" draggable="true">兄弟连</li>
39              <li class="list-group-item" draggable="true">兄弟会</li>
40              <li class="list-group-item" draggable="true">LAMP</li>
41
42          </ul>
43          <!-- 拖动目标-->
44          <ul class="commontest" id="drop-target"></ul>
45
46      </div>
47
48      <!-- jQuery (necessary for Bootstrap's JavaScript plugins) -->
49      <script src="js/jquery-3.1.1.min.js"></script>
50      <!-- Include all compiled plugins (below), or include individual files as needed -->
51      <script src="js/bootstrap.min.js"></script>
52      <script>
53                              /*声明变量target，获取拖动目标*/
54          var target = document.querySelector('#drop-target');
55                              /*声明变量dragElements，获取拖动源*/
56          var dragElements = document.querySelectorAll('#drag-elements li');
57                              /*声明拖动后的状态值*/
58          var elementDragged = null;
59                              /*遍历拖动源的列表元素*/
60          for (var i = 0; i < dragElements.length; i++) {
61                              /*监听每个元素开始拖动事件*/
62              dragElements[i].addEventListener('dragstart', function (e) {
63                              /*设置传输数据对象的内容*/
64                  e.dataTransfer.setData('text', this.innerHTML);
65                              /*设置已经拖动的元素为当前列表元素*/
66                  elementDragged = this;
67              });
68                              /*监听拖放结束事件*/
69              dragElements[i].addEventListener('dragend', function (e) {
70                              /*将拖动完成的元素隐藏*/
71                  elementDragged = null;
72              });
73          }
74                              /*拖动目标监听拖动悬浮事件*/
75          target.addEventListener('dragover', function (e) {
76                              /*阻止默认冒泡事件*/
77              e.preventDefault();
78                              /*设置现在的拖动效果为"移动"*/
79              e.dataTransfer.dropEffect = 'move';
80              return false;
```

```
    });
                        /*被拖动元素或从文件系统选中的文件，拖放的文件不全时触发此事件*/
    target.addEventListener('drop', function (e) {
        e.preventDefault();
        e.stopPropagation();
                        /*拖动目标的内容显示*/
        this.innerHTML = '移除' + e.dataTransfer.getData('text');

        document.querySelector('#drag-elements').removeChild(elementDragged);

        return false;
    });
    $(function () {
                        //头部导航页切换
        $("#myTabs > li").each(function () {

            $(this).on("click", function () {
                $("#myTabs li[class='active']").removeClass('active');
                $(this).toggleClass("active")
            })
        });

    });
</script>
</body>

</html>
```

运行上述代码，我们可以看到如图 7-1 所示的运行效果。

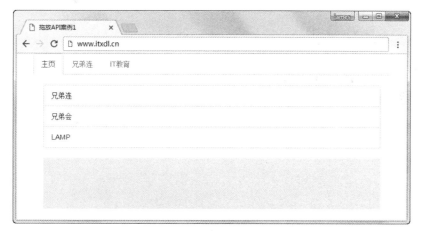

图 7-1　运行效果图

我们可以将列表中的列表项拖动到下面的灰色区域，运行效果如图 7-2 所示。

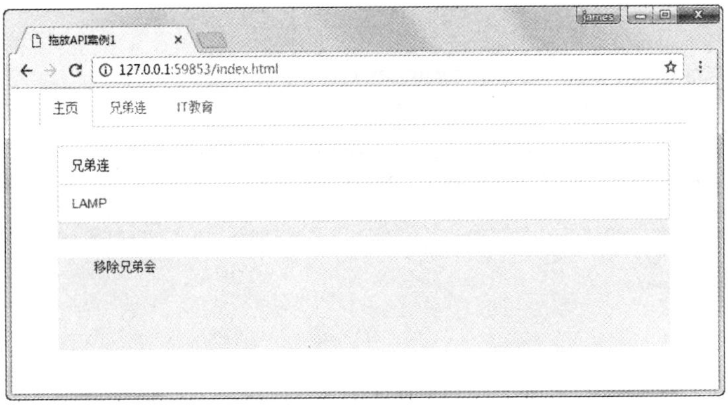

细说 HTML5 高级 API

图 7-2　拖动列表项的效果图

7.6 实例 2：文件拖放

在本例中，我们将展示如何将本地文件拖曳到目标区域并简单显示文本的内容，本例中使用了 FileReader API。本章的重点是拖曳 API，在本书的另外章节，笔者会详细阐述 FileReader API。

我们先来看看 HTML 文件的代码片段，如下：

```html
1  <!DOCTYPE html>
2  <html lang="zh-cn">
3
4  <head>
5      <meta charset="utf-8">
6      <meta http-equiv="X-UA-Compatible" content="IE=edge">
7      <meta name="viewport" content="width=device-width, initial-scale=1">
8      <title>拖放API，案例2</title>
9
10     <!-- Bootstrap -->
11     <link href="css/bootstrap.min.css" rel="stylesheet">
12
13     <!-- HTML5 shim and Respond.js for IE8 support of HTML5 elements and media queries -->
14     <!-- WARNING: Respond.js doesn't work if you view the page via file:// -->
15     <!--[if lt IE 9]>
16     <script src="js/html5shiv.min.js"></script>
17     <script src="js/respond.min.js"></script>
18     <![endif]-->
19     <style>
20                                           /*拖动目标的样式*/
21         #target {
22             margin: 10px;
23             min-height: 100px;
24             max-height: 600px;
25             background-color: #EEE;
26             border-radius: 5px;
27             overflow: auto;
28         }
29                                           /*拖动目标的样式*/
30         #content {
```

```
31              padding: 10px;
32              font-size: 18px;
33              line-height: 25px;
34          }
35      </style>
36 </head>
37
38 <body>
39                      <!--文档区域-->
40 <div class="container">
41                      <!--导航条-->
42      <ul class="nav nav-tabs" role="tablist" id="myTabs">
43          <li role="presentation" class="active"><a href="#">主页</a></li>
44          <li role="presentation"><a href="#">兄弟连</a></li>
45          <li role="presentation"><a href="#">IT教育</a></li>
46      </ul>
47                      <!--提示消息状态栏-->
48      <div class="alert alert-warning" role="alert">拖放文本文件到下面区域,查看效果
        </div>
49                      <!--拖动文件区域-->
50      <div id="target" title="拖动文件到这里">
51          <div id="content"></div>
52      </div>
53 </div>
54
55 <!-- jQuery (necessary for Bootstrap's JavaScript plugins) -->
56 <script src="js/jquery-3.1.1.min.js"></script>
57 <!-- Include all compiled plugins (below), or include individual files as needed -->
58 <script src="js/bootstrap.min.js"></script>
59 <script>
60      var target = document.querySelector('#target');
61      var contentDiv = document.querySelector('#content');
62                      /*监听目标区域鼠标悬浮事件*/
63      target.addEventListener('dragover', function (e) {
64          e.preventDefault();
65          e.stopPropagation();
66          e.dataTransfer.dropEffect = 'copy';
67          return false;
68      });
69                      /*监听被拖动元素或从文件系统选中的文件,拖放 的文件不全时触发此事件*/
70      target.addEventListener('drop', function (e) {
71          e.preventDefault();
72          e.stopPropagation();
73
74          var fileList = e.dataTransfer.files;
75
76          if (fileList.length) {
77              var file = fileList[0];
78              var reader = new FileReader();
79              reader.onloadend = function (e) {
80                  if (e.target.readyState == FileReader.DONE) {
81                      var content = reader.result;
82                      contentDiv.innerHTML = 'File: ' + file.name + '\n\n' + content;
83                  }
84              };
85
86              reader.readAsBinaryString(file);
87          }
88      });
89      $(function () {
90                      //头部导航页切换
```

```
91        $("#myTabs > li").each(function () {
92
93            $(this).on("click", function () {
94                $("#myTabs li[class='active']").removeClass('active');
95                $(this).toggleClass("active")
96            })
97        });
98    });
99 </script>
100 </body>
101
102 </html>
```

运行上面的 HTML 文件，运行的效果图如图 7-3 所示，我们现在可以在系统的桌面新建一个文本文件，命名为 test.txt 。接着，我们可以在这个文件中添加以下文本：

This is a test text，Text content will be displayed

保存 test.txt 文件，使用鼠标将文件拖动到灰色目标区域，我们就能够看到运行的效果图，如图 7-4 所示，文本文件的内容会正常显示在这个区域。

图 7-3　运行效果图

图 7-4　显示文本文件的内容

7.7 本章总结

本章我们通过两个案例简单阐述了如何使用拖放 API 相关的接口，实现简单的拖放应用，以及使用拖放 API 的主要方式为列表拖放及文件拖放。例如在网站中需要实现拖放图片，以及实现图片的处理及上传，使用 HTML5 的拖放 API 可以更好地实现这一操作。

本章习题及其答案

本章资源包

本章扩展知识

练习题

一、选择题

1. 为了使元素可拖动，应把 draggable 属性设置为（　　）。
   A．true B．false C．1 D．2
2. 不是在拖动元素中发生的事件的是（　　）。
   A．ondragstart B．ondrag C．ondragend D．drop
3. 不是在放置元素中发生的事件的是（　　）。
   A．drag B．dragleave C．dragent D．dragenter
4. 拖动过程中一直会触发的事件是（　　）。
   A．dragstart B．drag C．dragenter D．dragenter
5. 拖曳中阻止默认事件的方法是（　　）。
   A．return false B．event.stopPropagation()
   C．event.preventDefault() D．false
6. DataTransfer 对象方法中添加自定义数据格式的是（　　）。
   A．setDragImage() B．getData()
   C．setData() D．clearData()
7. 如何查看一个在数据传输上所有可用的本地文件列表（　　）。
   A．getData() B．files C．items D．types
8. 获得被拖曳元素的数据的方法是（　　）。
   A．getData() B．files C．items D．types

9. 下列数据使用 setData() 不可以正确设置的是（　　）。

A．数字：123　　B．节点：innerHTML　　C．节点　　D．字符串：'abc'

10. 下列说法正确的是（　　）。

A．一个元素可以同时触发 drag 事件和 drop 事件

B．没有设置 draggable 就不能触发 drag 事件

C．没有设置 draggable 就不能触发 drop 事件

D．可以在 IE8 上使用拖曳事件

二、简答题

实现一张图片可以在两个 DIV 中拖曳。

第8章

Apache Cordova 简介

Cordova 是一款开放源代码的基于 HTML5、CSS3 和 JavaScript 等 Web APIs 开发跨平台的移动 APP 的移动设备开发框架。原本由 Nitobi 公司开发,现在由 Adobe Systems 拥有。

Cordova 包含了对地理位置、重力感应、摄像头、陀螺仪等硬件设备的调用。此外,Cordova 还具有非常优秀的跨平台可移植性,简化了开发者对不同主流移动平台设备的适配工作,将主要的精力投入到产品的研发和创造上。而且,Cordova 丰富的 Plugin(插件)也拥有 HTML5 高度的可拓展性,这让 Cordova 在处理不同的应用场景时显得游刃有余。

本章二维码

本章二维码里面包括:
1. 本章的学习视频;
2. 本章所有实例演示结果;
3. 本章习题及其答案;
4. 本章资源包(包括本章所有代码)下载;
5. 本章的扩展知识。

8.1 Cordova 或 PhoneGap

也许你听说过 Cordova 或 PhoneGap,但你是不是还没有真正使用过它?下面我们从 PhoneGap 的发展史和主要特点来认识一下 Cordova 吧!

8.1.1 Cordova 的由来

随着移动互联网的崛起，互联网+或物联网的概念已深入人心，与此同时，各种移动互联的标准也纷杂起来。如果你是一名 Android 工程师，想将你的 APP 移植到 iOS 设备或 Window Phone 上，那基本上就需要重写代码了，毕竟各个平台的原生开发语言都不相同，在这样的情况下，HTML5 的跨平台特性给整个行业带来了春天，基于 Web APIs 的 Web APP 或 Hybrid（混合）APP 也日益庞大起来，而且开发和维护起来也比较方便，那么如何开发基于 Web APIs 的跨平台移动端应用呢？

于是乎，PhoneGap 诞生了，PhoneGap 的作用其实很简单，就是让所有熟悉 HTML5 和 CSS3 JavaScript 的程序员，能够尽快将代码部署到不同的移动平台上，并且能够和设备进行简单的交互（如摄像头、重力感应、联系人等）。

早期版本的 PhoneGap 需要使用苹果电脑来开发 iOS 应用程序，而 Windows Mobile 应用程序则是使用 Windows 平台开发出来的。但是 PhoneGap 并没有停止前进的脚步，而是通过不懈努力发布了可以支持 Android 平台的框架。对于移动开发者来说，PhoneGap 显得尤为重要。

2011 年 10 月 4 日，Adobe 正式宣布收购 Nitobi 软件。PhoneGap 的源代码贡献给了 Apache 软件基金会，但保留了 PhoneGap 的商标所有权，并命名为 Apache Callback。7.4 版发布后，Apache Callback 的名称变更为 Apache Cordova（Cordova 是一个街道的名字，在开发团队附近）。

截至 2016 年 6 月，Cordova 已经发布到了 6.x(latest)版本，跨越了 Android、Blackberry10、iOS、Windows、WP8 五大平台，其现在非常优秀的一次部署是全平台通用的移动端 APP 开发框架。图 8-1 较直观地描述了 Cordova 所跨的平台。

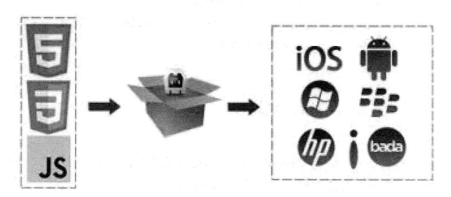

图 8-1　Cordova 所跨的平台

8.1.2 Cordova 和 PhoneGap 的区别

从前面的发展历程来看，Adobe 已经把 PhoneGap 的源代码贡献给 Apache 软件基金会（ASF）托管。同时，Cordova 已经成为了一个主流的开源项目，许多公司都熟悉 Apache 这个组织和它的许可说明，甚至有一些还是 Apache 的代码贡献者。

PhoneGap 是 Apache Cordova 的一个分支。你可以这样认为，Apache Cordova 是一台运行在 PhoneGap 上的发动机，就像 WebKit 这个浏览器引擎运行在 Chrome 浏览器和 Safari 浏览器上一样。

以后，PhoneGap 可能会加入其他的 Adobe 服务，而这些服务不适合发布到 Apache 的项目上。例如，PhoneGap 和 Adobe Shadow 就有一大堆的战略方针。不过不用担心，PhoneGap 会持续地保持免费开源，而且在 Apache Cordova 上也是免费的。目前，唯一不同的就是在 CLI（命令行）下安装（plugin）插件包的名称不同。图 8-2 为 Cordova 的跨平台特性。

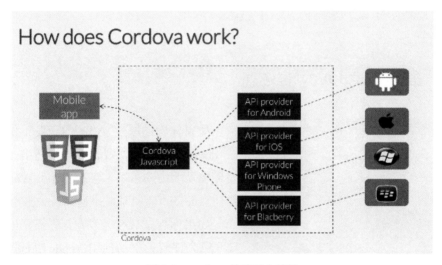

图 8-2　cordova 的跨平台特性

8.1.3 Cordova 的特点

Cordova 的优点很多，如周期性短、产品迭代性高、易于维护等，而且其最重要的特性有三个，分别为开发成本低、兼容性好、标准化。下面笔者将分别介绍这三个特性。

1. 快速、开发成本低

Cordova 降低了开发难度，让开发者使用普通的 Web 技术，再结合 API 接口，就能够轻松地发布到应用商店。同时，也降低了开发成本，是原生成本的 1/5 左右。

2. 兼容性好

相同的代码只需针对不同平台进行编译就能实现在多平台的分发，大大提高了多平台开发的效率。而相较于 Web 应用，开发者可以通过包装好的接口调用大部分常用的系统 API。

3. 标准化

它基于标准的 Web 技术——HTML、JavaScript 和 CSS，用 JavaScript 包装平台的 API 供开发者调用，具备强大的编译工具为不同的平台生成应用，同时拥有丰富的第三方资源和产业链。

8.1.4 注意事项

由于 Cordova 是一个轻量级的移动开发框架，所以它不能开发像《极品飞车18：宿敌》这样的游戏，仅适合开发一些像商城、音乐播放、视频影像、棋牌类的小游戏，如果你想开发比较大的游戏，可以了解一下 WebGL 技术。

8.2 搭建 Cordova 环境

如果你做过原生 APP 的开发工作，那么在 Cordova 出现之前，我们应该清楚搭建原生的开发环境是非常痛苦的，笔者之前在 Windows 平台搭建 Android 环境时，也遇到了很多小问题。

如果你想做 iOS 开发，首先需要申请 iOS 的苹果开发账号，然后使用 Xcode 进行开发。虽然苹果新推出的 Swift 语言简化了开发的复杂度，但还是需要一定的学习成本，效率也不是很高，平台也不是很成熟。而大多数 Web 前端工程师只熟悉 HTML5，Cordova 的前身 PhoneGap，在 3.0 版本之前没有使用命令行工具，每次的版本更新都需要重新下载安装包，无疑这就降低了开发者的开发效率。

在 PhoneGap3.0 版本之后，以及现在的 Cordova，都可以通过很简单的命令行创建及测试自己的 APP，这使一切都变得简单化了，实际只需三个步骤：安装 Node.js、安装 Cordova、创建 APP。

8.2.1 安装 Node.js

因为 Cordova 的前身 PhoneGap 从 3.x 版本取消了下载安装包，统一使用 Node.js 的 NPM

命令行工具，所以要使用 Cordova 的最新版本需要下载 Node.js。

步骤 1：打开 Node.js 的官网（https://nodejs.org），如图 8-3 所示。

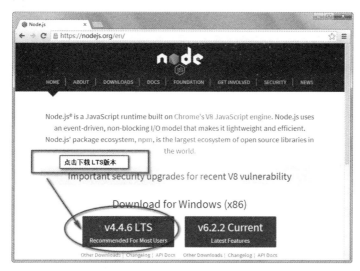

图 8-3　打开官网

步骤 2：下载 v4.4.6LTS 版本，为什么下载这个版本呢？因为这个版本是提供长时间技术支持的稳定版本，无须担心版本更新带来的版本兼容问题。

如图 8-4 所示，这个文件是我下载好的文件，因为我使用的是 Windows 平台，所以这里演示的是 Windows 平台的安装过程。Mac 的下载和安装过程和 Windows 类似。

图 8-4　下载好的文件

细说 HTML5 高级 API

步骤 3：双击下载的 msi 格式的文件，基本上默认的安装过程都是单击"Next"按钮，而在 Mac OS X 以上的系统上进行安装，需要当前用户输入当前本地用户的密码（你的开机密码），如图 8-5~图 8-7 所示，这里选择默认的安装路径进行安装。

图 8-5　单击"Next"按钮继续安装

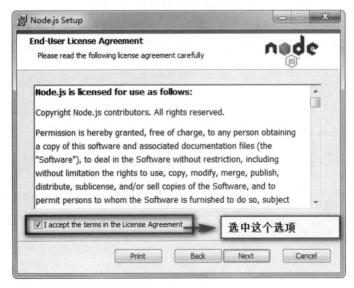

图 8-6　接受这个协议

第 8 章 Apache Cordova 简介

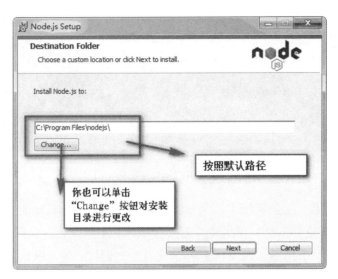

图 8-7 默认安装或更改目录

步骤 4：单击"Next"按钮，安装完成之后检测 Node.js 是否能够正常运行。我们可以打开 Windows 的命令行 CMD 工具窗口（单击屏幕左下角的 Windows 菜单按钮，在运行中输入 CMD，再次按回车键即可），如图 8-8 所示。

图 8-8 打开的 CMD 命令行窗口

输入 node-v 命令，会得到如图 8-9 所示的结果。

细说 HTML5 高级 API

图 8-9　查看 Node.js 的版本号

如图 8-9 显示，我们安装的版本号是 v4.4.6。读者在安装 Node.js 的版本时，可能会发生一些版本的变化，但这并不影响使用和接下来的 NPM 工具安装。我们也可以查看 Node.js 的安装目录，如图 8-10 所示，在 Windows 的文件管理器打开的是默认安装路径。

图 8-10　在 Windows 中查看 Node.js 的默认安装目录

我们了解并懂得了如何在 Windows 中安装 Node.js 之后，有的读者可能会问："我不会使用 Node.js，怎么办？"，其实无须担心，因为我们只是使用 Node.js 的几个命令和参数；有的读者接着会问，每次需要更新 Node.js，或者某些功能只能在指定的版本中才能使用，我们将如何管理 Node.js 的版本呢？

8.2.2　安装和使用 Node.js 版本管理工具

在 Windows 电脑中安装 NVM（Node Version Manager），目的是让管理多个版本的 Node.js 支持 Node 4+以上版本。在你需要切换版本的时候，可以使用 NVM 切换不同的版本，其下载、安装、使用的方式如下。

通过以下链接进行管理工具的下载：

https://github.com/coreybutler/nvm-windows

下载如图 8-11 所示的安装包，下载的文件名为：

nvm-setup.exe　（Windows 平台的安装包）

第 8 章　Apache Cordova 简介

图 8-11　下载网页上的文件并解压

双击 nvm-setup.exe 文件进行安装，安装方式和 Node.js 的安装方式类似，如图 8-12 所示，这里不再赘述。

图 8-12　默认安装，注意选择的 Node 安装目录

安装完成之后进入命令行，Win7 以上系统最好使用管理员的方式运行，运行以下命令：
nvm list（查看已经安装完成的 Node.js 版本）

结果如图 8-13 所示。

图 8-13　运行 nvm list 命令显示当前 Node 的版本

现在 NVM 可以用来管理 Node.js 的版本了，当然你也可以直接在命令行中输入 nvm 查看命令行的帮助信息，如图 8-14 所示。为了方便读者查看命令简介，笔者将列出一个常用

111

的命令对照表，如表 8-1 所示。读者可以先通过 nvm install 4.4.4 安装之前的 LTS 版本，也可以安装最新的发布版本。当然，安装完成之后，读者可以通过 nvm use 4.4.4 来切换版本，然后通过 nvm list 可以查看当前正在使用的版本。

图 8-14 输入 nvm 来查看相关的命令帮助信息

表 8-1 NVM 常用的命令帮助信息对照表

命 令	说 明
nvm arch [32][64]	显示 Node 是否运行在 32 位或 64 位模式，指定 32 位或 64 位，以覆盖默认的体系结构
nvm install <version> [arch]	Version 参数可以为 Node.js 的版本，或者为了安装最新稳定版本而使用 "latest"，可选项 arch 指的是是否安装 32 位或 64 位的版本（默认为系统的默认值）。设置[arch]为 all，表示安装 32 位和 64 位版本
nvm list [available]	列出已经安装的 Node.js 的版本，在 nvm list 最后加上 available，显示可以下载的版本列表
nvm on	开启 Node.js 的版本控制
nvm off	关闭 Node.js 的版本控制（但是不卸载任何东西）
nvm proxy[url]	给当前的下载设置代理，nvm proxy 可以查看当前的下载代理地址，nvm proxy[url]设置下载代理地址，nvm proxy none 移除当前代理地址
nvm uninstall <version>	卸载指定的版本
nvm use <version> [arch]	切换到指定的版本，可以任意指定 32 位或 64 位的结构体系，nvm use <arch>将持续指定已经选择的版本，但是切换到 32 位或 64 位模式取决于 arch 给定的值
nvm root <path>	设置当前的 NVM 安装 Node.js 的不同版本的路径，如<path>没有被设置，当前的根目录将被显示

第 8 章　Apache Cordova 简介

续表

命　　令	说　　明
nvm version	显示当前正在 Windows 中运行的 NVM 版本

8.3　安装使用 Cordova

通过表 8-16 中的信息，读者们知道如何使用 NVM 命令来管理 Node.js 的版本了，既然 Node.js 的版本管理实现了，下面笔者将演示 Cordova 的安装，Cordova 的安装过程主要是使用 npm 命令的过程。

8.3.1　安装 Cordova 到系统中

之前我们提到过，Cordova 的 CLI 基于 Node.js，同样也适用于 npm 命令行工具，只需要使用一条命令就可以将 Cordova 环境安装到我们的系统中。打开命令窗口或 Mac 和 Linux 下面的 Terminal，输入下面的命令：

```
$ npm　install　-g　cordova
```

经过一段时间后，我们会看到如图 8-15 所示的结果，如果有相关的 WARN 提示，不要管它，在安装的过程中，如果需要终止，需要使用组合键"Ctrl+C"，输入两次即可退出安装过程。

然而在实际开发中，npm 有些包是放在国外服务器的，可能经常在等待了漫长的时间后，结果却是非常令人失望的，因为安装失败，无法获取服务器的回应。那么如何解决这个问题呢？下面笔者就讲解如何使用国内镜像提高开发效率。

图 8-15　Cordova 安装完成，可以忽略圈中的警告部分

8.3.2 使用淘宝的镜像

正如笔者之前所说，npm 的包获取不完善往往会对读者的实际开发造成一定的困扰，解决这个问题比较好的办法就是使用淘宝的 npm 镜像，俗称 cnpm CLI（命令行工具），读者可以打开下面的网址进行查看：

https://npm.taobao.org/

网站预览图如图 8-16 所示。

图 8-16　淘宝 npm 镜像

如图 8-16 所示，我们获知的第一个信息就是，这是一个完整的 npmjs.org 的官网镜像。第二个重要的信息就是，目前的频率同步时间为 10 分钟，综合这两点发现，我们完全可以实现替代官网的 npm，那么如何安装呢，按照下面的演示一步一步进行吧。

第一步：安装 cnpm。

淘宝的镜像源不仅仅同步了 npm 的官网，同时也深度定制了自己的命令行工具：cnpm，打开命令行窗口或者打开 Terminal 窗口，输入以下命令：

```
$  npm install -g cnpm --registry=https://registry.npm.taobao.org
```

忽略代码中的符号$，安装运行结果如图 8-17 和图 8-18 所示。

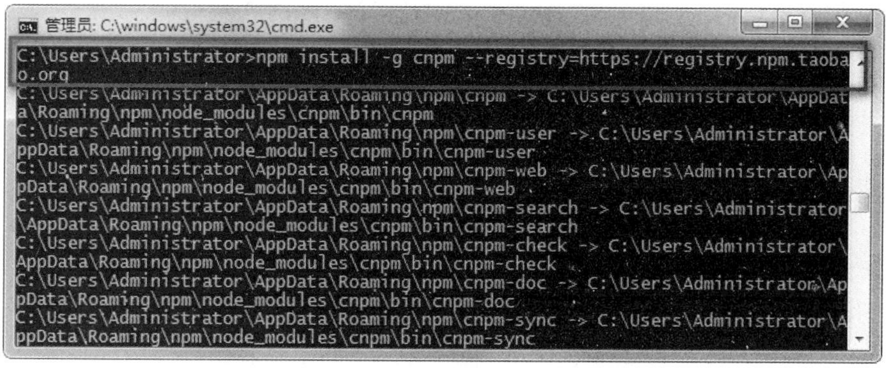

图 8-17　在 Windows 系统安装 cnpm 的过程

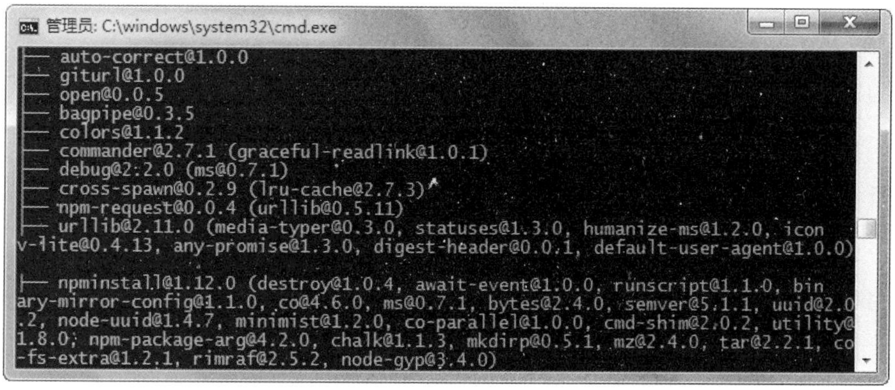

图 8-18　在 Windows 系统安装 cnpm 的结果

第二步：使用 cnpm 安装所需的模块。

如果你的安装结果和图 8-20 类似，那么，恭喜你，你可以使用 cnpm 来安装所需的模块了。例如，之前我们安装 cordova 模块时，使用的是 npm install -g cordova，现在只需要使用 cnpm install -g cordova 就可以了，好的，相信你应该会使用 cnpm 命令行工具了。

还有一点比较重要的是，如果你想安装的模块还没从 npmjs.org 同步过来，该怎么办呢？

其实，淘宝在这方面有做得非常好的优化方案，当安装的时候发现安装的模块还没有同步过来时，淘宝 NPM 会自动在后台进行同步，并且会让你从官方 NPM（registry.npmjs.org）进行安装，下次再安装这个模块的时候就可以直接从淘宝 NPM 安装了。

8.3.3　创建第一个 Cordova APP

如图 8-19 所示，这是我们创建的第一个 APP 的运行界面。

图 8-19　创建的第一个 Cordova APP

之前我们已经搭建好了 Node.js 版本控制工具，并且安装了 Cordova 的 CLI，下面笔者将演示第一个 Cordova APP 的创建过程。

首先使用创建命令创建一个 Cordova 项目。

打开命令窗口或 Terminal，输入：

```
$ cordova create MyApp
```

然后使用 cd 命令进入项目目录：

```
$ cd MyApp
```

添加需要编译的平台，为了方便测试，在这里添加了一个浏览器平台：

```
$ cordova platform add browser
```

运行你的第一个 APP：

```
$ cordova run browser
```

在这样的情况下，Cordova 会建立一个服务端口，如图 8-20 所示，在命令行的最后一行，启动的文件服务是 http://localhost:8000/index.html，并打开默认浏览器访问当前项目，如图 8-19 所示，图中的中间部分显示的是 DEVICE IS READY，说明我们的第一个 APP 已经运行成功了。

第 8 章 Apache Cordova 简介

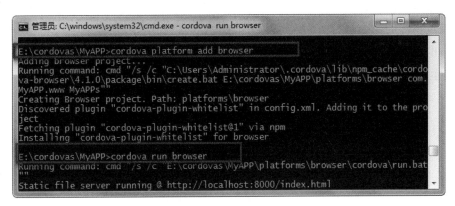

图 8-20   cordova run browser   使应用运行在浏览器端

8.3.4   项目目录的结构讲解

安装并成功运行 Cordova 应用之后，我们还可以在项目目录中看到 Cordova 应用的文件夹，文件夹的内容如图 8-21 所示。

图 8-21   第一个 Cordova APP   文件目录

在这里有几个注意事项：
- 像之前的 Web 开发技术一样，如果你做过网站，那么这个项目文件目录夹恰巧如同一个网站文件的目录一样，包含了 JavaScript、CSS、IMG、HTML 等文件。
- 默认显示的 APP 首页是 index.html，读者可以通过使用文本编辑器，如 SublimeText、Webstorm、Atom、VIM 等比较流行的开发工具，编辑这个文件的内容，以呈现不同的 APP 效果。
- 更改完 Index.html 文件之后，我们需要更新命令行，使浏览器的界面进行更新，主要方法如下：

在 Windows 的命令行窗口输入两次"Ctrl+C"组合键命令,然后重新使用命令 cordova run browser,也可以通过键盘的上下键来切换查找之前使用的命令,重新运行之后,浏览器会自动重新生成一个界面,用来呈现 APP 被更改后的界面,如图 8-22 所示。

图 8-22　更改后的效果:DEVICE IS OK

8.3.5　单页面应用

说起单页面应用,我们首先要弄清概念的问题,在国内百度上关于单页面应用的解释可能比较笼统,我们可以先看看维基百科关于它的定义。

"A single-page application (SPA), is a web application or web site that fits on a single web page with the goal of providing a more fluid user experience akin to a desktop application."

其大致的意思就是:

单页面应用是一个 Web 应用程序或网站,其适合单个 Web 页面,并提供了极类似于桌面客户端的流畅体验。简单来说,它仅包含了单个网页的应用,其流畅性类似于本地应用。

想要了解更多的信息,可以访问以下链接:

https://en.wikipedia.org/wiki/Single-page_application

桌面客户端的软件我们经常使用，例如音乐播放器的桌面客户端，如果我们要使用 Web 技术写出流畅度类似于桌面客户端的应用程序，这可不可行呢？

答案是肯定的，现在的 HTML5 的发展使我们可以很容易地提升应用的运行效率和用户体验。到目前为止，大多数的手机客户端都含有 HTML5，随着 Cordova 等混合 APP 平台的飞速发展，单页面应用逐渐流行了起来。

相信之前有很多使用框架进行 Web APP 开发的读者，在使用框架的时候，我们不得不接受某些框架的复杂度，但是我们在这里不能讨论这个在技术层面具有争议性的问题，因为我们需要用到模板，需要操作页面的 DOM，需要和服务器进行更频繁的通信，这些可能都是我们选择框架的原因。

本书的手机端界面，作者使用的是最常见的 UI 框架：jQuery Mobile，这个框架的使用方法比较通俗易懂。因此，我们可以从一个简单的实例中看看到底什么是单页面应用，如图 8-23 所示。

图 8-23　单页面应用实例界面（1）

我们下载 jQuery Mobile 的源码之后，可以在解压后的根目录下看到名为 demo 的文件夹，在此文件夹下是官方的示例，找到 pages-multi-page 文件夹，运行此文件夹下的 index.html，我们就能看到图 8-23 所示的效果，单击图中的"显示第二页"按钮就能切换到第二个界面了，代码演示效果图的第二页如图 8-24 所示。

细说 HTML5 高级 API

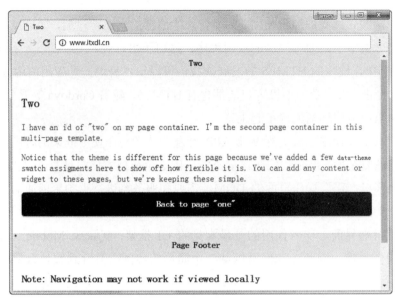

图 8-24　单页面应用实例界面（2）

实际上，这种切换方式在 jQuery Mobile 中自始至终被称为基于 Ajax 的导航。在某些低版本的浏览器上通过本地文件的方式打开，会出现错误信息，但是将这些源码放入本地服务器，再通过浏览器访问，是可以正常访问的，说了这么多，我们来看看一个 index.html 是如何实现浏览器上的切换页面的。Page "one" 的代码片段如下：

```
18  <!-- Start of first page: #one -->
19  <div data-role="page" id="one">
20
21      <div data-role="header">
22          <h1>Multi-page</h1>The Ajax-based navigation used throughout the
            jQuery Mobile docs may need to be viewed on a web server to work
            in certain browsers. If you see an error message when you click a
            link, please try a different browser.
23      </div><!-- /header -->
24
25      <div role="main" class="ui-content">
26          <h2>One</h2>
27          <h3>Show internal pages:</h3>
28          <p><a href="#two" class="ui-btn ui-shadow ui-corner-all">显示第二页</a></p>
29          <p><a href="#popup" class="ui-btn ui-shadow ui-corner-all" data-rel="dialog"
            data-transition="pop">作为弹出窗显示</a></p>
30      </div><!-- /content -->
31
32      <div data-role="footer" data-theme="a">
33          <h4>Page Footer</h4>
34      </div><!-- /footer -->
35  </div><!-- /page one -->
36
```

如上述代码所示，单页面应用的第一个页面的代码实际上和正常的 DIV+CSS3 布局一致，只不过我们使用了很多 class 属性和 data 属性来区分页面元素。第二个页面的代码和第一个页面的代码类似，Page "two" 的代码片段如下：

```
37 <!-- Start of second page: #two -->
38 <div data-role="page" id="two" data-theme="a">
39
40     <div data-role="header">
41         <h1>Two</h1>
42     </div><!-- /header -->
43
44     <div role="main" class="ui-content">
45         <h2>Two</h2>
46         <p>I have an id of "two" on my page container. I'm the second page
            container in this multi-page template.</p>
47         <p>Notice that the theme is different for this page because we've
            added a few <code>data-theme</code> swatch assigments here to show
            off how flexible it is. You can add any content or widget to these
            pages, but we're keeping these simple.</p>
48         <p><a href="#one" data-direction="reverse" class="ui-btn ui-shadow ui-corner-all
            ui-btn-b">Back to page "one"</a></p>
49
50     </div><!-- /content -->
51
52     <div data-role="footer">
53         <h4>Page Footer</h4>
54     </div><!-- /footer -->
55 </div><!-- /page two -->
```

在接下来的章节中，笔者将会继续使用 jQuery Mobile 框架构建我们的应用。当然，现在的框架数不胜数，我们不追求完美和优雅，只是用来学习单页面应用，掌握一些开发常识和 Cordova 的 API 使用方法，接下来笔者将对开发环境及其相关知识进行逐步讲解。

8.4 本章总结

本章我们知道了 Cordova 的发展史并学习了如何搭建基本的开发环境，使我们的应用跑在浏览器端，从这一过程中，我们体会到了 HTML5 的核心竞争力和优越性，但是 HTML5 的发展不会止步，未来要走的路还很长。

本章习题及其答案

本章资源包

本章扩展知识

练习题

一、选择题

1. Cordova 的发布日期是（　　）。
   A．2001 年 11 月 14 日　　　　　　　　B．2010 年 11 月 14 日
   C．2010 年 10 月 4 日　　　　　　　　　D．2011 年 10 月 14 日
2. 下面哪个平台不是主流开发平台（　　）。
   A．塞班　　　　　B．安卓　　　　　C．苹果　　　　　D．黑莓
3. 请选择截至本书出版前使用的 Cordova 版本（　　）。
   A．1.5.0　　　　　B．6.x　　　　　　C．3.3.0　　　　　D．4.0.0
4. 下列不属于 Cordova 的特点的是（　　）。
   A．快速　　　　　B．开发成本高　　　C．兼容性好　　　D．标准化
5. Node.js 是（　　）。
   A．人名　　　　　　　　　　　　　　　B．地点
   C．JavaScript 引擎运行的环境　　　　　D．不知道
6. LTS 版本代表着（　　）。
   A．成本　　　　　B．事件　　　　　C．长时间支持版本　　D．没有意义
7. Node.js 的包管理工具是（　　）。
   A．apm　　　　　B．wget　　　　　C．composer　　　　D．npm
8. 查看当前 Node.js 版本的命令是（　　）。
   A．node -a　　　B．node -v　　　　C．node -h　　　　D．node -d
9. Node.js 的官网域名后缀是（　　）。
   A．com　　　　　B．cn　　　　　　C．org　　　　　　D．gov
10. 本书的 nvm 工具的作用是（　　）。
    A．控制 Node 版本　　B．编辑文件　　　C．编辑图片　　　D．安装工具

二、简答题

请简述 Cordova 的优点和缺点，不少于 200 字。

第9章 Cordova 的真机调试和必备知识

在上一章中，我们创建了第一个 APP 并实现了在浏览器中运行，但是我们却不能止步于此。众所周知，作为一个跨平台的移动开发框架，Cordova 几乎可以在浏览器、安卓、iOS 等主流平台上运行。本章笔者将给读者带来 Cordova 在安卓和 iOS 手机中的真机调试及核心的必备知识，方便读者梳理对 Cordova 的整体认识。

本章二维码

本章二维码里面包括：
1. 本章的学习视频；
2. 本章所有实例演示结果；
3. 本章习题及其答案；
4. 本章资源包（包括本章所有代码）下载；
5. 本章的扩展知识。

9.1 JDK 的安装与配置

安卓作为两大主流移动端平台之一，已经深入到了几乎每个人的生活中，如每个人都离不开手机。作为一个 Cordova 跨平台移动端的开发者，我们如何使用 Android 平台打造自己富有个性的 APP 呢？当然，读者可能会发现，安卓的调试比较灵活方便，但是这也是安卓的不足之处，灵活开放的系统架构给安卓的安全带来了巨大的挑战，这也是安卓和苹果在系统安全上的明显区别，在这里不再赘述。创建真机测试应用之前，我们应该搭建两个平台的真机开发环境。读者可以通过以下操作步骤来亲身感受一下两大平台的区别。

9.1.1 在 Mac OS X 上安装 JDK

笔者为了方便调试，将在 Mac OS 中进行相关的演示操作，在众多的语言中，Java 始终是一个佼佼者，在原生安卓和 Web 服务器端都有广泛的应用。开发 Cordova 的安卓应用，需要使用 Java 工具来帮助开发者在 Windows 和 Mac OS X 平台上进行 Cordova 的 APK 文件的编译和打包工作。下面，笔者将给大家演示如何获取 JDK，以及安装和调试的过程。

第一步：访问 JDK 的下载页。

访问 Oracle 的官方网站（www.oracle.com/），如图 9-1 所示，笔者使用的 JDK 版本为 8，详细的界面地址如下：

http://www.oracle.com/technetwork/java/javase/downloads/jdk8-downloads-2133151.html

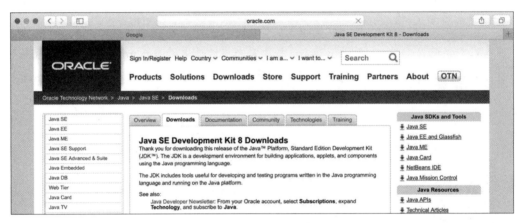

图 9-1　oracle.com 的官网

第二步：下载对应平台的 JDK。

找到如图 9-2 所示界面。

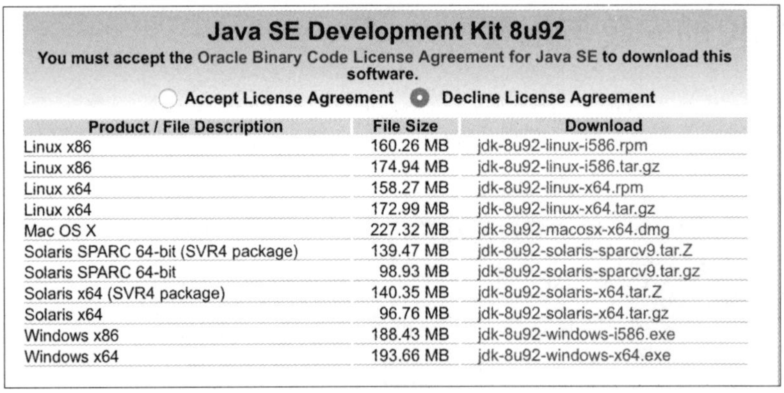

图 9-2　JDK 下载界面

第三步：接受条款并下载。

首先需要接受条款才能下载对应平台的安装包。接受条款之后，如图 9-3 所示，读者可对应自己的系统平台进行下载。例如，笔者的系统是 Mac OS X，所以将下载的文件名是 jdk-8u92-macosx-x64.dmg，下载完成后，双击 dmg 文件，进行默认安装。

Product / File Description	File Size	Download
Linux x86	160.26 MB	jdk-8u92-linux-i586.rpm
Linux x86	174.94 MB	jdk-8u92-linux-i586.tar.gz
Linux x64	158.27 MB	jdk-8u92-linux-x64.rpm
Linux x64	172.99 MB	jdk-8u92-linux-x64.tar.gz
Mac OS X	227.32 MB	jdk-8u92-macosx-x64.dmg
Solaris SPARC 64-bit (SVR4 package)	139.47 MB	jdk-8u92-solaris-sparcv9.tar.Z
Solaris SPARC 64-bit	98.93 MB	jdk-8u92-solaris-sparcv9.tar.gz
Solaris x64 (SVR4 package)	140.35 MB	jdk-8u92-solaris-x64.tar.Z
Solaris x64	96.76 MB	jdk-8u92-solaris-x64.tar.gz
Windows x86	188.43 MB	jdk-8u92-windows-i586.exe
Windows x64	193.66 MB	jdk-8u92-windows-x64.exe

图 9-3　接受 JDK 下载的条文许可

9.1.2　在 Windows 平台上安装 JDK

读者的系统如果是 Windows7 的 32 位系统，那么应该下载的文件名为 jdk-8u92-windows-i586.exe。

安装 JDK 的过程和安装 Node.js 的过程类似，只需要一直单击"返回"按钮即可，如图 9-4 所示。

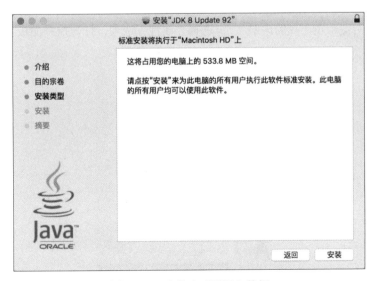

图 9-4　一直单击"返回"按钮

细说 HTML5 高级 API

9.1.3 测试 Java 是否安装成功

安装完成之后，打开 Windows 的命令行窗口或 Mac 的 terminal，输入以下命令，测试 Java 是否安装成功。

```
Java    -version
```

如图 9-5 所示，笔者的 Mac 的 terminal 当前版本号为 1.8.0_92，说明安装成功。

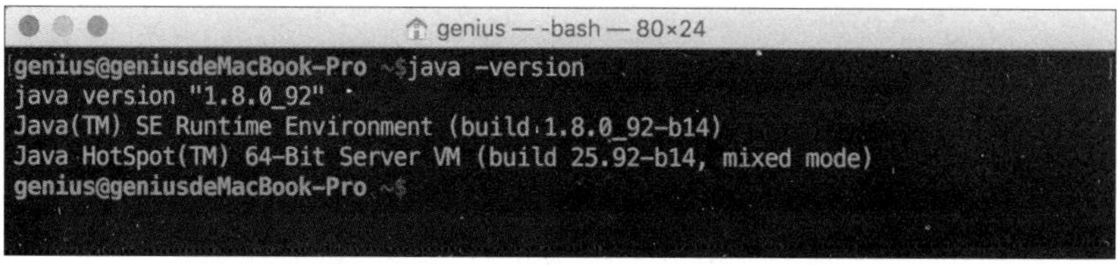

图 9-5　在命令下查看 JDK 的版本号

9.1.4 在 Windows 平台上配置环境变量

在 Mac OS X 中，默认环境变量无须配置，要输入密码，安装完成即可，但在 Windows 中，安装之后仍需要配置环境变量。

关于 Windows 平台配置 Java 环境变量的问题，笔者将进一步阐述。

提示：
在 XP 系统中安装 JDK8 存在诸多问题，建议使用 Windows7 以上的系统。

（1）用鼠标右键单击"我的电脑"，再选择"属性"选项，打开控制面板，如图 9-6 所示。

图 9-6　打开控制面板

（2）单击"高级系统设置"按钮，在弹出的窗口对话框单击"环境变量"按钮，如图 9-7 和图 9-8 所示。

图 9-7　单击"高级系统设置"按钮

图 9-8　单击"环境变量"按钮

（3）配置 path 变量，也就是我们常说的 JAVA_HOME 目录，如图 9-9 所示。

笔者将输入家目录的路径，这个由安装时选择的目录所决定，例如：

C:\Program Files\Java\jdk1.8.0_31\bin;

如果是放在最后，不用加分号也可以；但如果是放在其他位置，结尾必须加上分号作为分隔符。

细说 HTML5 高级 API

图 9-9　设置 JAVA_HOME 的目录位置

（4）配置 classpath 变量，即所谓的 Java 工具类库的目录，我们需要将 tools.jar 和 dt.jar 两个文件配置到 classpath 变量中。

```
C:\Program Files\Java\jdk1.8.0_31\lib\dt.jar;
C:\Program Files\Java\jdk1.8.0_31\lib\tools.jar;
```

如图 9-10 所示，笔者将分别把上面的路径输入到 classpath 变量中。注意，根据你的实际 Java 环境来填写，不要忘记分隔符为分号。配置完成后单击"确定"按钮即可。

图 9-10　配置 classpath 的路径

（5）配置 jre 变量，如图 9-11 所示，和步骤（3）相同，可以直接将 jre（Java 运行环境）的路径复制到 path 变量中去。

例如，笔者的 jre 路径为（注意是 Java 家目录下的 jre）：

```
C:\Program Files\Java\jdk1.8.0_31\jre\bin;
```

图 9-11　配置 jre 的目录

9.2 Android Studio 的下载与安装

9.2.1 Mac 上 Android Studio 的下载与安装

JDK 已经安装好了，现在我们需要的是官方的 SDK（软件开发环境包），而 Android Studio 是 Google 官方开发的 IDE，而且管理 SDK 也很方便。因此，我们将使用 Android Studio 来进行应用打包。

（1）访问 Android Studio 的下载界面，如图 9-12 所示，安卓官方网址为：

https://developer.android.com/studio/index.html

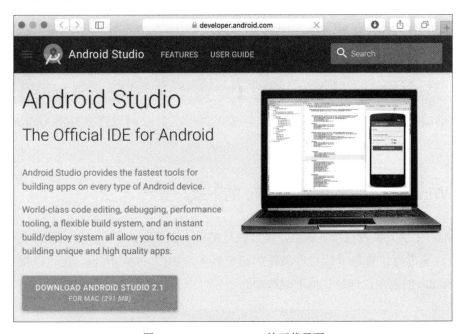

图 9-12 Android Studio 的下载界面

（2）单击"DOWNLOAD ANDROID STUDIO 2.1 FOR MAC"按钮，将弹出下载的许可协议，读者勾选复选框并单击下载按钮即可，如图 9-13 所示，单击后浏览器会进行资源下载。

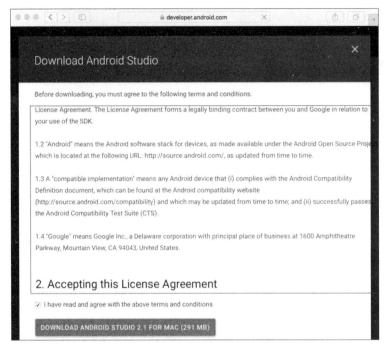

图 9-13　同意许可协议，浏览器下载资源

在之前的小节中我们已经完成了 JDK 的安装过程，因此，可以直接安装 Android Studio，按照默认设置安装即可。

9.2.2　Windows 上 Android Studio 的下载与安装

和 Mac 上的安装过程极其相似，需要注意的是，在下载的界面，还有很多其他的选项用于下载，笔者建议直接下载官方最新的稳定版本，如图 9-14 所示，也可以根据个人对 Android Studio 的需求，选择其他下载选项。

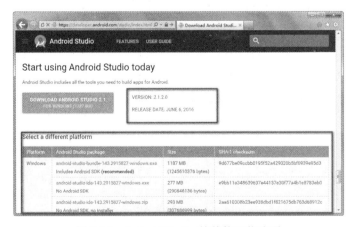

图 9-14　Android Studio 的其他下载选项

图 9-14 中显示发行最新版本的日期为 2016.6.6，版本号为 2.1.2.0，它和稳定版本的区别就是可定制，读者可以根据自己的需求进行下载，如：

（1）Android Studio 包含 SDK。

（2）Android Studio 不包含 SDK。

（3）不包含 SDK，无须安装。

9.3　Android Studio 的 SDK 包的管理

从当初的 Android2.0 到现在的 Android6.0，直至以后的 Android n，由于 Android 的版本平台不同，因此 Cordova 的安卓端 APP 调试要兼容现在的主流 Android 平台。例如 Android 4.0、Android 5.1 、Android 4.4 等，而这些问题可以通过 SDK 管理工具来解决，如果读者之前做过 Android 的原生，那么对 Eclipse 的 SDK 管理工具一定不陌生。同样地，在 Android Studio 中，它的名称从未改变，它就是 SDK Manager。下面笔者将演示如何使用这个工具记忆 SDK 的安装和更新。

9.3.1　安装必要的 SDK

（1）单击首页的 Configure，第一项显示的是 SDK Manager，如图 9-15 所示。

图 9-15　显示的第一项是 SDK Manager

（2）打开 SDK Manager，选中图 9-16 中的选项，笔者已经更新完成，因为版本更新得较快，读者可以以此图作为参考，安装必要的更新。

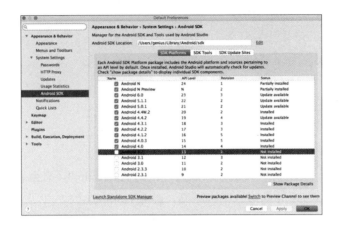

图 9-16　选中必要的更新列表

（3）单击"Apply"按钮进行更新，静静地等待更新完毕，最后的 SDK 包大概为 30GB，比原来的 Eclipse 的 SDK 包少了一半。更新完毕之后，我们可以进行下一步详细的操作。

9.3.2　单例模式下运行 SDK Manager

单例模式的运行其实不需要 Android Studio 的介入，Cordova 的官网也介绍了这种做法，其实 SDK Manager 是可以独立运行的，下面是官网的链接：

http://cordova.apache.org/docs/en/latest/guide/platforms/android/index.html#adding-sdk-packages

你可以通过单一工具的方式来进行 SDK 的管理，当然，这取决于读者喜欢用哪种方式来获取 SDK，界面如图 9-17 所示。

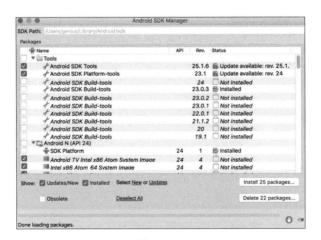

图 9-17　单例模式下的 SDK Manager

这个其实正是 Eclipse 的 SDK 管理工具，这个工具非常经典，可以用来精确地管理需要的不同版本的 SDK。好了，尝试一下吧。

9.4　安卓真机的运行与调试

下面笔者将演示在真机上调试的过程，和第一个创建在浏览器端的 APP 类似，首先，我们创建一个默认的应用，然后添加安卓平台。接着，检测是否满足 SDK 环境，如果满足就进行编译和安装。下面笔者来分步骤阐述。

9.4.1　创建一个名为 HelloAndroid 的 APP

使用 cordova create 创建一个名为 HelloAndroid 的 APP，指定项目名称、包名和应用在手机上的显示名称。

```
$ cordova create AndroidTest com.androidtest.www HelloAndroid
```

创建的项目文件夹如图 9-18 所示。

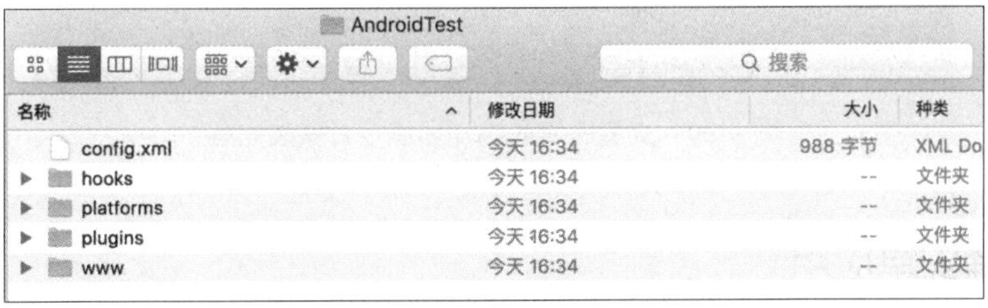

图 9-18　AndroidTest 的项目文件目录

9.4.2　添加安卓平台

使用 cd 命令切换到当前 AndroidTest 项目中，然后添加安卓平台。

```
cd AndroidTest
cordova platform add android --save
```

如果添加成功，应该和图 9-19 所示的输出结构类似，读者可以尝试一下。

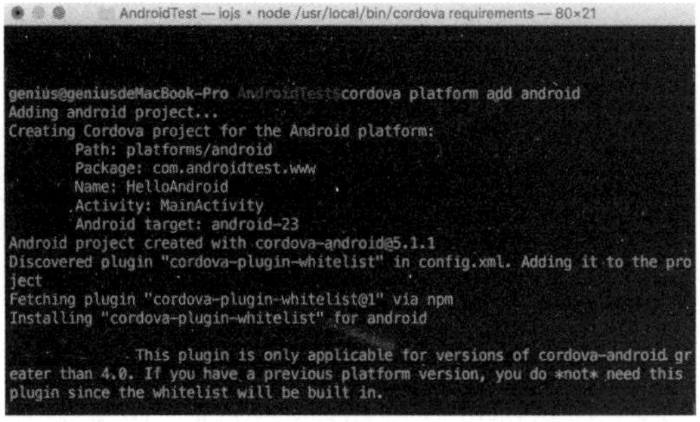

图 9-19　添加完安卓平台之后，显示的输出结果

9.4.3　查看编译环境

使用下面的指令查看所需的编译环境是否完备，如图 9-20 所示。

cordova requirements

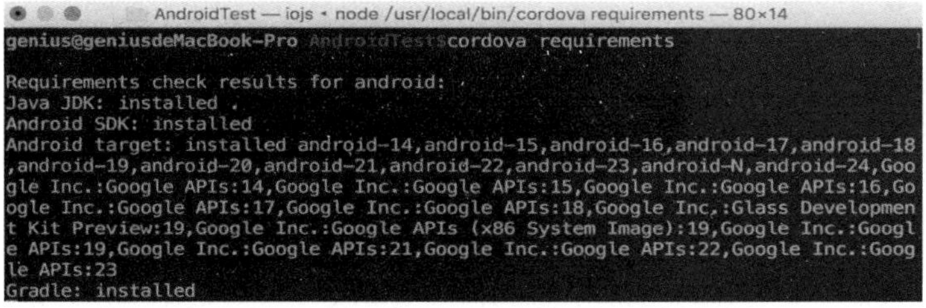

图 9-20　查看所需的编译环境是否安装完备

9.4.4　编译安卓应用

如果读者上述操作的结果和笔者的输出结果一致，就可以进入编译阶段了。编译命令如下，编译完成的结果如图 9-21 所示。

cordova build android

图 9-21　cordova build 完成后的提示结果：Build Successful（编译成功）

9.4.5 安装到安卓手机并运行

因为是 Mac 连接 Android，基本上不用安装驱动。如果是 Windows，那么一般使用手机助手，或者前往手机官网下载对应的手机驱动即可，安装的命令如图 9-22 所示，手机上的效果图如图 9-23 所示。

图 9-22　使用 adb 命令安装安卓安装包

图 9-23　Cordova 运行在安卓手机中

提示：

此处的命令都是一行显示，自动换行，不要轻易拆行。

注意：

如果你的手机是国产手机，存在连接不上 Mac 的情况，请访问笔者的个人博客文章。安卓手机连接不上 Mac 电脑的解决方案的链接地址为：

http://www.ndkblog.org/2015/11/17/android_connect_mac/

9.5 苹果手机的真机调试

我们初步通过了安卓手机的测试，但是仍然需要在 iOS 设备上进行测试。下面笔者将演示如何在 Mac 上使用 Cordova 进行 iOS 的打包和安装调试。

9.5.1 新建一个名为 hello 的 APP

新建一个名为 hello 的项目并切换到当前的项目文件夹中，添加 iOS 平台，命令如下：

`cordova platform add ios --save`

我们可以看到在项目根目录下的 platforms 文件夹下生成的 ios 文件夹，如图 9-24 所示。

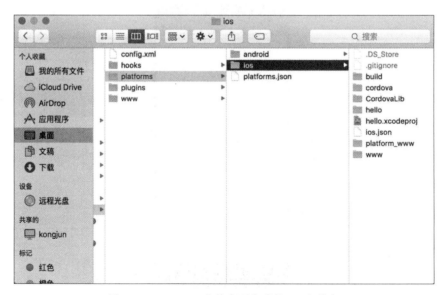

图 9-24　platforms 文件夹下生成的 ios 文件夹

9.5.2 打开 Xcode，加载项目

打开 Xcode 并加载这个项目，或者双击 hello.xcodeproj 文件进行加载，效果如图 9-25 所示。

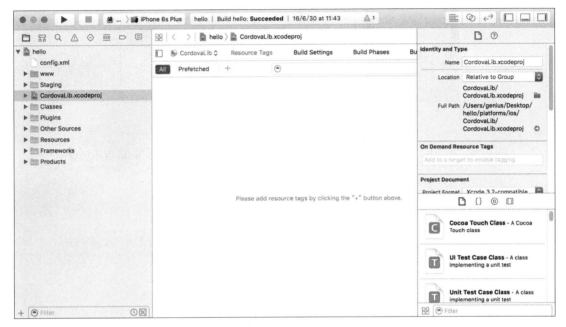

图 9-25　Xcode 加载 iOS 的项目目录

9.5.3 编译和安装 hello 项目

单击图 9-25 中的 iPhone 6s Plus 选择运行的机器，再单击图中左上角的运行按钮（播放的按钮）进行编译和安装。安装过程中可能会提示一些报错信息。此时单击"Fixed"按钮，安装过程中会打开 iTunes 进行安装。可能会提示读者需要登录才能继续操作，读者可以根据提示进行操作。下面将讲解的是 iOS 手机端的操作。

笔者用于测试的手机型号为 iPhone 5s，安装完成之后，我们可以点击手机中的图标运行程序，出现如图 9-26 所示的提示。

那么如何解决这个提示问题呢？好，我们打开"设置"选项并找到"设备管理"选项，点击信任此应用，处理后的结果如图 9-27 所示。

图 9-26　提示是不受信任的开发者　　　　图 9-27　信任此应用的，hello 应用已验证

9.5.4　重新打开手机上名为 hello 的 APP

重新打开此应用，得到的结果如图 9-28 所示。

图 9-28　第一个 iOS 应用 hello 的主界面

本节我们了解了如何在 iOS 设备上运行 Cordova 的 APP，至此 APP 的测试和安装都讲解完了，下面是读者朋友需必备的知识点。

9.6 Cordova 编辑器小知识

我们实现了在浏览器、iOS 设备、Android 设备上运行我们的第一个 APP，那么在开始学习使用 Cordova Plugins 之前，先来了解使用什么样的开发工具可以帮助我们提高开发效率，其次就是了解我们需要用到哪些 Cordova 的 Plugins。

9.6.1 SublimeText3

Sublime 一直被很多开发者称为最性感的编辑器，官方称其为一套跨平台的文本编辑器，支持很多种语言的插件，大多数的包都是使用自有的软件协议发布，并且由相关的社区进行维护。

它的主要特点如下：

（1）同时修改很多内联内容；
（2）可定制的弹性快捷键；
（3）可以通过 JSON 文件自定义设置值；
（4）跨平台（Mac OS X、Windows、Linux）；
（5）基于 Python 的挂载 API；
（6）快速跳转，可以快速跳转文件、行数、符号；
（7）自由的配置选项，针对个别项目可以定制自己的编辑器；
（8）兼容 TextMate 语法的标记语法。

Sublime 的官网如下，页面如图 9-29 所示。

https://www.sublimetext.com/3

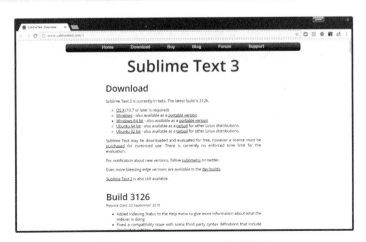

图 9-29　SublimeText 3 官网首页

9.6.2 WebStorm

JetBrains 是一家捷克的软件开发公司，该公司最为人所熟知的产品是开发撰写 Java 编程语言时所用的集成开发环境：IntelliJ IDEA，这家公司的另一款产品 WebStorm 对于开发者来说就是神器。

它自带 Cordova 应用项目创建，以及良好的代码追踪和提示功能，是基本上趋于完善的前端 Web 工程师的 IDE。

详细的官网地址如下，界面如图 9-30 所示。

https://www.jetbrains.com/webstorm/

它的特点如下：

（1）代码导航和用法搜索；

（2）代码追踪；

（3）JavaScript 单元测试；

（4）代码检测和快速修复；

（5）批量代码分析；

（6）验证和快速修复；

（7）显示应用样式。

图 9-30　WebStorm 官网主页

这些特点其实很精简，读者应该尝试将这两个编辑器都使用一下，根据自身的情况选择适当的工具。

9.7 本章总结

本章重点在于使用命令行工具学习从 JDK 的安装到 Android Studio 相关工具的下载，再到安装必要的 SDK 包。完成我们在主流平台手机和浏览器端的调试，也完成了基本的调试与安装，读者可以自行在不同的平台进行测试和运行。下一章我们将逐步对照 HTML5 APIs 的新特性进行讲解。

本章习题及其答案

本章资源包

本章扩展知识

练习题

一、选择题

1. JDK 的意思是（　　）。
   A．Java 语言的软件开发工具包　　　　B．Java 工具类
   C．JavaScript 工具包　　　　　　　　D．JavaScript 的工具类

2. 安卓的包名后缀为（　　）。
   A．deb　　　　B．apk　　　　C．pkg　　　　D．avi

3. Java EE 的意义是（　　）。
   A．一个工具　　　　　　　　　　　　B．一个名词
   C．适用于桌面系统的 Java 2 平台标准版　D．桌面工具

4. 检查 Java 版本的命令是（　　）。
   A．java -version　　B．java -v　　C．java -c　　D．java -help

5. Windows 安装完 JDK 需要配置（　　）。
   A．快捷方式　　　　　　　　　　　　B．软链接
   C．命令行工具　　　　　　　　　　　D．环境变量

6. Android SDK 的意思是（　　）。
   A．Android 专属的软件开发工具包　　　B．Android 的工具类
   C．Android 开发工具　　　　　　　　D．Android 工作目录

7．创建 Cordova 项目的命令是（　　）。

A．cordova build B．cordova add

C．cordova create D．cordova platform

8．Cordova 检查所需环境是否完备的方式是（　　）。

A．cordova build B．cordova requirements

C．cordova plugin D．cordova ls

9．cordova build android 的意思是（　　）。

A．编译安装环境 B．编译安卓应用

C．编译安装文件 D．编译工程文件夹

10．安装编译好的 apk 到手机的命令是（　　）。

A．adb install B．adb push C．adb pull D．adb uninstall

二、简答题

简单论述 Cordova 从创建项目到安装的过程。

第 10 章 Cordova 开发基础

经过前面章节的学习，相信读者已经对 Cordova 有了一定的认识，但是仅有这些认识是远远不够的，我们还需要为 Cordova 的开发打下更坚实的基础。本章我们主要介绍 Cordova 应用开发中最基础的内容，包括处理页面的 flex-box，以及处理页面结构的 jQuery Mobile。

本章二维码里面包括：

1. 本章的学习视频；
2. 本章所有实例演示结果；
3. 本章习题及其答案；
4. 本章资源包（包括本章所有代码）下载；
5. 本章的扩展知识。

本章二维码

10.1 什么是 flexbox

  flexbox 是 Cordova 开发必不可少的内容，也是最常用的内容。之后，笔者将阐述 flexbox 的基础知识，利用弹性布局，简化混合 APP 的开发中遇到的基础布局。接着，笔者将阐述如何在 Cordova 的实际开发中应用 flexbox。

  做过 Web 开发的人都知道"盒子模型"，传统的网页布局都基于盒子模型，比较依赖显示属性、定位属性、流动属性。对于伸缩性的布局是很难处理的，那么应该怎么办呢？

  于是乎，盒子模型的概念就于 2009 年被 W3C 组织以一种比较新的布局方案提了出来。这种方案被称为 flexbox 布局方案，这个方案最大的特点就是可以简单、快速地完成各种伸缩性的布局设计。

flexbox 的全称为 Flexible Box，flexbox 是它的缩写，其实就是弹性盒子布局的意思。关于布局这件事情，我们还要看一下 W3C 更新的时间性问题。2016 年 5 月 26 日，W3C 工作组发布了《CSS 弹性盒式布局模块的候选推荐标准》，CSS3 的标准越来越适用于开发者。

可能读者会问，截至目前，到底有哪些浏览器可以支持它呢？我们可以访问下面的网址，查看当前的浏览器对 flexbox 的支持：

http://caniuse.com/#feat=flexbox

如图 10-1 所示，我们可以看到当前的主流浏览器，如 Chrome、Firefox、Safari 等都是支持 flexbox 的。

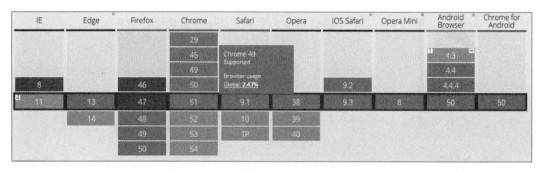

图 10-1　各人浏览器对 flexbox 的支持情况

提示：

方框 8 为 IE8 浏览器，是不支持的；

方框 11 和 4.3 为 IE11，Android Browser 4.3 部分支持；

其余全部支持；

选项带 "-" 这个符号的意思为需要加上浏览器前缀。

10.2　理解 flexbox 布局模型

在此之前我们了解了 flexbox 布局的优越性，那么 flexbox 是如何构成的呢？如图 10-2 所示，flexbox 的构成也很好理解，它是由伸缩容器和伸缩项目构成的。

读者可能会疑惑什么是伸缩项目，其实它就是伸缩容器的子元素，而伸缩容器也很好理解，任何一个元素都可以被指定为 flexbox 布局，将其设定为 display:flex 或 display:inline-flex，这样的元素被称为伸缩容器。

一般情况下，伸缩容器由主轴（main axis）和交叉轴（cross axis）组成，如图 10-2 所示。主轴的开始位置称为 main start，结束位置称为 main end，交叉的开始位置为 cross start，结束位置为 cross end。伸缩项目在主轴占据的空间为 main size 。但是主轴的位置是可以定制的，因此，主轴可以是水平方向的，也可以是垂直方向的。无论哪个方向为主轴，默认的情况下，伸缩项目一定沿着主轴开始的位置到结束的位置进行顺序排列。flexbox 现在是候选推荐标准阶段，所以在使用 flexbox 的时候需要加上浏览器的标识，例如 -webkit、-moz、-o 等。

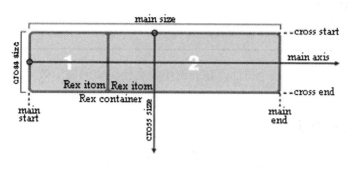

图 10-2　弹性布局图

10.3　深入理解伸缩容器的属性

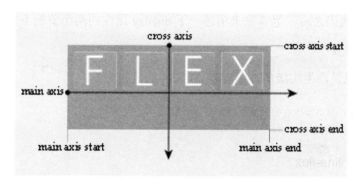

在了解了伸缩容器的主要概念之后，我们需要了解伸缩容器有哪些重要的属性，以及如何使用这些属性。

伸缩容器支持的属性有 display、flex-flow、align-content 等，如表 10-1 所示。

表 10-1　伸缩容器支持的属性

属　　性	描　　述
align-content	调整伸缩项目在交叉轴出现换行情况时的对齐方式
display	指定元素是否为伸缩容器
flex-wrap	指定在伸缩容器的主轴线方向空间不足的情况下，是否换行及如何换行
flex-flow	同时定义了伸缩容器的主轴和侧轴，默认值为 row nowrap

续表

属　性	描　述
flex-direction	指定主轴方向
justify-content	定义伸缩项目沿着主轴线的对齐方式
align-items	定义伸缩项目在伸缩对齐的交叉轴上的对齐方式

下面笔者将分别介绍这几个属性，在介绍中将会使用实例展示效果。

10.3.1 display 属性

这个属性是比较重要的属性，用来指定元素是否为伸缩容器，代码如下：

```
display: flex| inline-flex
```

这个属性有两个值，我们先写一个 HTML 小片段，代码如下：

```
<div class='flex_wrap'></div>
```

写好 HTML 代码之后，笔者先来阐述一下 display 属性的两个值的不同含义。

1. 属性值：flex

这个值的意思是产生块级的伸缩容器，CSS3 的代码如下：

```
1  .flex-block{
2      display: flex; /*产生块级的伸缩容器*/
3  }
4
```

2. 属性值：inline-flex

这个值的意思是产生内联级的伸缩容器，CSS3 的代码如下：

```
1  .flex-block{
2      display: inline-flex; /*产生内联级的伸缩容器*/
3  }
4
```

注意：

flexbox 现在还处于推荐标准的阶段，因此，针对不同的浏览器，需要加上不同的前缀，图 10-3 中只加了微软的前缀，是为了考虑 IE11 和安卓 4.3 系统版本。在 Windows10 中，新型的浏览器 Edge 已经支持这个属性了。

如图 10-5 所示，在这时使用 CSS 的栏目（columns）在 CSS 的伸缩容器上没有效果。在 CSS 的伸缩项目中如果使用了 float、vertical-align、clear 等属性，均会没有效果。

10.3.2 flex-direction 属性

该属性用于指定主轴的方向,我们已经知道了主轴方向的可选择性。那么,flex-direction 的值分别有哪些呢?如下(分别以"flex-direction:值"的方式列出):

```
flex-direction: row
flex-direction: row-reverse
flex-direction: column
flex-direction: column-reverse
```

为了分别展示效果,笔者将先写一个 HTML 页面,HTML 代码如下:

```html
<!DOCTYPE html>
<html lang="zh-cn">
<head>
    <meta charset="UTF-8">
    <title>direction-row</title>
    <link rel="stylesheet" href="./flex_directions_row.css">
</head>
<body>
<span class="flex-block">                <!--定义的外部伸缩容器,用来放置内部的伸缩项目-->
    <span class="flex-items">兄</span>
    <span class="flex-items">弟</span>    <!--伸缩项目元素-->
    <span class="flex-items">会</span>
</span>
</body>
</html>
```

下面笔者将分别讲解这四个不同的属性值的含义。

1. 属性值:row

row 这个属性值是 flex-direction 的默认值,伸缩容器的方向为水平方向,伸缩项目的方向是从左往右正常排列。下面给代码片段加上新的 CSS 样式,如下:

```css
.flex-block{                          /*伸缩容器的代码清单*/
    display: -ms-flexbox;
    display: flex;
    -ms-flex-direction: row;
    flex-direction: row;              /* 伸缩容器的方向为水平方向*/
    width: 200px;
    height: 200px;
    border:1px solid #1abc9c;
}
.flex-block .flex-items{              /*伸缩项目的代码清单*/
    width: 40px;
    height:40px;
    text-align: center;
    line-height: 40px;
    border: 1px solid #fff;
    background-color: #3498db;
}
```

浏览器效果图如图 10-3 所示。

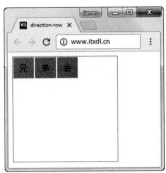

图 10-3 flex-direction 的属性值为 row 的效果图

注意：

direction 的默认值为 row，是伸缩容器的默认方向。如果读者的初始想法是让伸缩项目沿着水平方向从左往右进行排列，那么可以忽略定义 flex-direction。

2. 属性值：row-reverse

同理，根据 row 这个关键字，我们可以知道，伸缩容器的排列依然是水平方向的，但是 reverse 表示的是相反的意思。因此，伸缩项目的排列方向应该按照从右向左的方式进行排列。CSS 代码如下：

```css
.flex-block{                              /*伸缩容器的代码清单*/
    display: -ms-flexbox;
    display: flex;
    -ms-flex-direction: row-reverse;
    flex-direction: row-reverse;          /* 伸缩容器从右向左进行排列 */
    width: 200px;
    height: 200px;
    border:1px solid #1abc9c;
}
.flex-block .flex-items{                  /*伸缩项目的代码清单*/
    width: 40px;
    height:40px;
    text-align: center;
    line-height: 40px;
    border: 1px solid #fff;
    background-color: #3498db;
}
```

打开浏览器，运行代码片段，最终的效果如图 10-4 所示。

图 10-4 flex-direction 的属性值为 row-reverse 的效果图

3. 属性值：column

和 row 的水平方向垂直的方向，是伸缩容器的方向，而伸缩项目的排列是从上往下进行的，CSS 代码片段如下：

```css
.flex-block{                              /*伸缩容器的代码清单*/
    display: -ms-flexbox;
    display: flex;
    -ms-flex-direction:column;
    flex-direction:column;                /* 伸缩容器的伸缩项目的排列是从上往下 */
    width: 200px;
    height: 200px;
    border:1px solid #1abc9c;
}
.flex-block .flex-items{                  /*伸缩项目的代码清单*/
    width: 40px;
    height:40px;
    text-align: center;
    line-height: 40px;
    border: 1px solid #fff;
    background-color: #3498db;
}
```

运行浏览器，最终效果图如图 10-5 所示。

图 10-5　flex-direction 属性值为 column 的效果图

4. 属性值：column-reverse

伸缩容器依然是垂直方向，伸缩项目和 column 的方向相反，为从下往上排列，CSS 的示例代码如下：

```css
.flex-block{                              /*伸缩容器的代码清单*/
    display: -ms-flexbox;
    display: flex;
    -ms-flexbox-direction: column-reverse;
    flex-direction: column-reverse;       /*伸缩容器的排列是从下往上*/
    width: 200px;
    height: 200px;
    border: 1px solid #1abc9c;
}

.flex-block .flex-items{                  /*伸缩项目的代码清单*/
    width: 40px;
    height: 40px;
    text-align: center;
    line-height: 40px;
```

```
17      border: 1px solid #fff;
18      background-color: #3498db;
19 }
```

启动浏览器，运行效果图如图 10-6 所示。

图 10-6　flex-direction 属性值为 column-reverse 的效果图

10.3.3　flex-wrap 属性

读者可能会想到，flex-wrap 和内容的空间有关，实际上，flex-wrap 用来指定在伸缩容器的主轴线方向空间不足的情况下是否换行，以及如何换行，例如主轴在水平方向的情况等，这个属性的值如表 10-2 所示。

表 10-2　flex-wrap 属性值和描述

值	描述
nowrap	即使空间不足，伸缩容器也不允许伸缩项目进行换行
wrap	允许伸缩容器在空间不足的情况下进行换行
wrap-reverse	伸缩容器将在空间不足的情况下进行换行，但是换行的方向和 wrap 相反

下面我们来看一下 HTML 代码，如下：

```
1  <!DOCTYPE html>
2  <html lang="zh-cn">
3  <head>
4      <meta charset="UTF-8">
5      <title>flex_wrap</title>
6      <link rel="stylesheet" href="./flex_wrap.css">
7  </head>
8  <body>
9      <span class="flex-block">              <!--定义的外部伸缩容器，用来放置内部的伸缩项目-->
10         <span class="flex-items">兄</span>
11         <span class="flex-items">弟</span>
12         <span class="flex-items">会</span>   <!--伸缩项目元素-->
13         <span class="flex-items">人</span>
14         <span class="flex-items">才</span>
```

```
15      </span>
16
17 </body>
18 </html>
```

下面笔者将分别阐述这三个属性值。

1. 属性值：nowrap

这个属性值的意思是即使空间不足，伸缩容器也不允许伸缩项目进行换行。示例的CSS代码如下：

```
1
2  .flex-block{                    /*伸缩容器的代码清单*/
3      display: -ms-flexbox;
4      display: flex;
5      -ms-flex-direction:row;     /*伸缩容器的伸缩项目沿着主轴 从左向右排列*/
6          flex-direction:row;
7      -ms-flex-wrap:nowrap;
8          flex-wrap:nowrap;       /*即使空间不足，伸缩容器也不允许伸缩项目进行换行*/
9      width: 200px;
10     height: 200px;
11     border:1px solid #1abc9c;
12 }
13 .flex-block .flex-items{        /*伸缩项目的代码清单*/
14     width: 50px;
15     height:50px;
16     text-align: center;
17     line-height: 40px;
18     border: 1px solid #fff;
19     background-color: #3498db;
20 }
```

效果图如图 10-7 所示，每个方块的实际尺寸为 50px，外边正方形的边长为 200px，但是却没有进行换行，这就是 flex-wrap 的默认效果。因此，你也可以选择不把 flex-wrap:nowrap 这个属性和属性值加上。

图 10-7 flex-wrap 的属性值为 nowrap 时的效果图

2. 属性值：wrap

这个意思是很明确的，读者通过 nowrap 的特征立马就能想到，wrap 一定是允许伸缩容器在空间不足的情况下进行换行的。如果主轴为水平轴，那么换行的方向应该是从上到下这种方式。

下面我们来看一下 CSS 的代码，如下：

```css
.flex-block{                    /*伸缩容器的代码清单*/
    display: -ms-flexbox;
    display: flex;
    -ms-flex-direction:row;     /*伸缩容器的伸缩项目沿着主轴 从左向右排列*/
        flex-direction:row;
    -ms-flex-wrap:wrap;
        flex-wrap:wrap;         /*允许伸缩容器在空间不足的情况下进行换行 */
    width: 200px;
    height: 200px;
    border:1px solid #1abc9c;
    }
.flex-block .flex-items{        /*伸缩项目的代码清单*/
    width: 50px;
    height:50px;
    text-align: center;
    line-height: 40px;
    border: 1px solid #fff;
    background-color: #3498db;
}
```

注意：

在测试的过程中，请注意 CSS 的文件加载路径，这里笔者的路径为当前路径，简单的做法是直接将 HTML 和 CSS 文件放在同一个文件夹下。文件加载的方式需要根据目录层级不同逐渐进行调整。

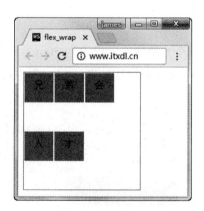

图 10-8　flex-wrap 的属性值为 wrap 时的效果图

到这里，读者可能使用了 flex-wrap 的属性的 wrap-reverse 值，是的，就是 flex-wrap:wrap-reverse。

3. 属性值：wrap-reverse

笔者继续假设主轴为水平轴，那么伸缩容器将会在空间不足的情况下进行换行。但是换行的方向是和属性值 wrap 相反的。简单来说，在水平轴为主轴的情况下，换行是按照从下到上的顺序进行的。我们先来看一下 CSS 代码，如下：

```css
.flex-block{                              /*伸缩容器的代码清单*/
    display: -ms-flexbox;
    display: flex;
    -ms-flex-direction:row;               /*伸缩容器的伸缩项目沿着主轴从左向右排列*/
        flex-direction:row;
    -ms-flex-wrap:wrap-reverse;           /*在空间不足的情况下进行换行，但是换行的方向和wrap相反*/
        flex-wrap:wrap-reverse;
    width: 200px;
    height: 200px;
    border:1px solid #1abc9c;
}
.flex-block .flex-items{                  /*伸缩项目的代码清单*/
    width: 50px;
    height:50px;
    text-align: center;
    line-height: 40px;
    border: 1px solid #fff;
    background-color: #3498db;
}
```

打开浏览器，运行效果图如图 10-9 所示。

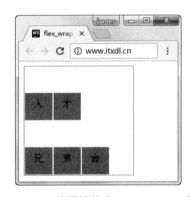

图 10-9　flex-wrap 的属性值为 wrap-reverse 时的效果图

10.3.4　flex-flow 属性

通过上面的学习，读者可能会问，有没有比较好的方式来简写 flex-direction 和 flex-wrap 呢？

是的，flex-flow 就是上述两种属性的简写，它同时定义了伸缩容器的主轴和侧轴，默认值为 row nowrap。

下面是这个属性的具体写法：

flex-flow: flex-direction flex-wrap

默认 row nowrap 分别对应 flex-direction 和 flex-wrap，为了便于理解，笔者将 HTML5 代码展示如下：

```html
1  <!DOCTYPE html>
2  <html lang="zh-cn">
3  <head>
4      <meta charset="UTF-8">
5      <title>flex_flow</title>
6      <link rel="stylesheet" href="./flex_flow.css">
7  </head>
8  <body>
9      <span class="flex-block">              <!--定义外部的伸缩容器，用来放置内部的伸缩项目-->
10         <span class="flex-items">兄</span>
11         <span class="flex-items">弟</span>   <!--伸缩项目元素-->
12         <span class="flex-items">连</span>
13         <span class="flex-items">学</span>
14         <span class="flex-items">院</span>
15     </span>
16
17 </body>
18 </html>
19
20
```

笔者使用 flex-flow 中的 row wrap-reverse 这对属性值来对例子进行介绍，CSS 代码如下：

```css
1
2  .flex-block{                                /*伸缩容器的代码清单*/
3      display: -ms-flexbox;
4      display: flex;
5      flex-flow: row wrap-reverse;            /*同时定义了伸缩容器的主轴和侧轴，默认值为 row  nowrap*/
6      width: 200px;
7      height: 200px;
8      border:1px solid #1abc9c;
9  }
10 .flex-block .flex-items{                    /*伸缩项目的代码清单*/
11     width: 50px;
12     height:50px;
13     text-align: center;
14     line-height: 40px;
15     border: 1px solid #fff;
16     background-color: #3498db;
17 }
```

效果图如图 10-10 所示，我们发现图 10-10 和图 10-9 的排列顺序完全一致。为了区分，笔者将文字改变了一下，通过图 10-9 和图 10-10 的 CSS 代码片段来看，后者简化了冗余的代码，使整个 CSS 代码显得更加整洁。在实际项目运用中，尽量避免重复地定义 CSS 的属性，这将有助于提高实际开发的效率。

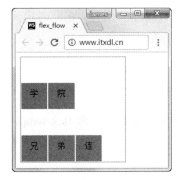

图 10-10　flex-flow 的属性值为 row wrap-reverse 时的效果图

10.3.5 justify-content 属性

Justify 的本意有很多，在 CSS3 中的意思是按照一定的方式排齐，如使每行排齐。例如，点击图标使文本排齐等。justify-content 的意思是定义伸缩项目沿着主轴对齐，表 10-3 是其对应的属性值。

表 10-3 justify-content 属性值和对应的说明

属性	说明
flex-start	伸缩项目会主动靠齐主轴水平线的起始位置
flex-end	伸缩项目会主动靠齐主轴水平线的结束位置
center	伸缩项目会主动靠向主轴水平线的中间位置
space-between	伸缩项目会自动平均分布在主轴的水平线上
space-around	伸缩项目会均匀地分布在主轴水平线上，两端都会间隔出平均间隔的一半

下面列出 HTML 的代码片段，如下：

```html
<!DOCTYPE html>
<html lang="zh-cn">
<head>
    <meta charset="UTF-8">
    <title>flex_start</title>
    <link rel="stylesheet" href="flex_start.css">
</head>
<body>
    <span class="flex-block">              <!--定义外部的伸缩容器，用来放置内部的伸缩项目-->
        <span class="flex-items">兄</span>
        <span class="flex-items">弟</span> <!--伸缩项目元素-->
        <span class="flex-items">连</span>
    </span>
</body>
</html>
```

完成 HTML 界面代码之后，笔者将分别阐述 justify-content 的五个属性值。

1. 属性值：flex-start（默认值）

伸缩项目会主动靠齐主轴水平线的起始位置。在之前的例子中，我们并没有定义 justify-content 的属性和属性值。例如，当主轴为水平轴时，伸缩项目从左边的起始位置开始往右排列的顺序其实就是这个属性的默认值，其 CSS 代码如下：

```css
.flex-block {                    /*伸缩容器的代码清单*/
    display: -ms-flexbox;
    display: flex;
    -ms-flex-flow: row nowrap;
    flex-flow: row nowrap;
```

```
 7      justify-content: flex-start;        /*伸缩项目会主动靠齐主轴水平线的起始位置*/
 8      width: 200px;
 9      height: 200px;
10      border: 1px solid #1abc9c;
11  }
12
13  .flex-block .flex-items {                /*伸缩项目的代码清单*/
14      width: 50px;
15      height: 50px;
16      text-align: center;
17      line-height: 50px;
18      border: 1px solid #fff;
19      background-color: #3498db;
20  }
```

运行浏览器，其效果图如图 10-11 所示。

注意：

如果按照默认情况下的样式进行排列，那么可以忽略 justify-content:flex-start。

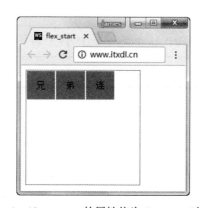

图 10-11　justify-content 的属性值为 flex-start 时的效果图

2. 属性值：flex-end

伸缩项目会主动靠齐主轴水平线的结束位置，示例的 CSS 代码如下：

```
 1
 2  .flex-block {                            /*伸缩容器的代码清单*/
 3      display: -ms-flexbox;
 4      display: flex;
 5      flex-flow: row nowrap;
 6      justify-content: flex-end;           /*伸缩项目会主动靠齐主轴水平线的结束位置*/
 7      width: 200px;
 8      height: 200px;
 9      border: 1px solid #1abc9c;
10  }
11
12  .flex-block .flex-items {                /*伸缩项目的代码清单*/
13      width: 50px;
14      height: 50px;
15      text-align: center;
16      line-height: 50px;
17      border: 1px solid #fff;
18      background-color: #3498db;
19  }
```

运行浏览器，其效果图如图 10-12 所示。

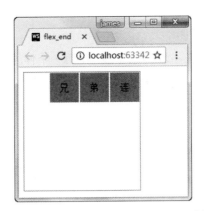

图 10-12　justify-content 的属性值为 flex-end 时的效果图

3. 属性值：center

伸缩项目会主动靠向主轴水平线的中间位置，CSS 代码如下：

```
.flex-block {
    display: -ms-flexbox;          /*伸缩容器的代码清单*/
    display: flex;
    flex-flow: row nowrap;
    justify-content: center;       /*伸缩项目会主动靠向主轴水平线的中间位置*/
    width: 200px;
    height: 200px;
    border: 1px solid #1abc9c;
}

.flex-block .flex-items {          /*伸缩项目的代码清单*/
    width: 50px;
    height: 50px;
    text-align: center;
    line-height: 50px;
    border: 1px solid #fff;
    background-color: #3498db;
}
```

运行浏览器，其效果图如图 10-13 所示（图中的三个字在主轴水平线居中显示）。

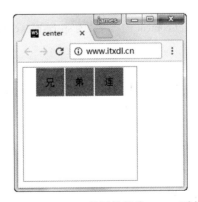

图 10-13　justify-content 的属性值为 center 时的效果图

4. 属性值：space-between

伸缩容器会自动平均分布在主轴的水平线上，第一个伸缩项目会主动靠向主轴线的开始位置，最后一个伸缩项目则会主动靠向主轴线的结束位置。CSS 代码如下：

```
.flex-block {
    display: -ms-flexbox;                /*伸缩容器的代码清单*/
    display: flex;
    flex-flow: row nowrap;
    justify-content: space-between;      /*伸缩容器会自动平均分布在主轴的水平线上*/
    width: 200px;
    height: 200px;
    border: 1px solid #1abc9c;
}
.flex-block .flex-items {                /*伸缩项目的代码清单*/
    width: 50px;
    height: 50px;
    text-align: center;
    line-height: 50px;
    border: 1px solid #fff;
    background-color: #3498db;
}
```

运行浏览器，效果如图 10-14 所示，三个字块均匀分布，但是第一个字块和最后一个字块分别吸附在主轴水平线上的开始位置和结束位置。

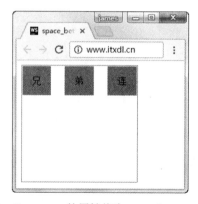

图 10-14　justify-content 的属性值为 space-between 时的效果图

5. 属性值：space-around

伸缩项目会均匀地分布在主轴水平线上，两端都会间隔出平均间隔的一半，即保留一半的间隔，示例的 CSS 代码如下：

```
.flex-block{                             /*伸缩容器的代码清单*/
    display: -ms-flexbox;
    display: flex;
    flex-flow: row nowrap;
    justify-content: space-around;       /*均匀分布，两端的间隔距离为平均间隔的一半*/
    width: 200px;
    height: 200px;
    border: 1px solid #1abc9c;
}
```

```
12 .flex-block .flex-items {           /*伸缩项目的代码清单*/
13     width: 50px;
14     height: 50px;
15     text-align: center;
16     line-height: 50px;
17     border: 1px solid #fff;
18     background-color: #3498db;
19 }
```

运行浏览器，其效果图如图 10-15 所示。

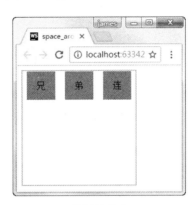

图 10-15 justify-content 的属性值为 space-around 时的效果图

10.3.6 align-items 属性

通过以上内容，我们知道了在主轴（水平）线上的伸缩项目的对齐方式。那交叉轴上的对齐方式如何呢？事实上，align-items 这个属性就是用来定义伸缩项目在伸缩对齐的交叉轴上的对齐方式的，表 10-4 为其对应的属性值。

表 10-4 align-items 的属性值和说明

属性值	说　　明
flex-start	伸缩项目会主动靠齐到交叉轴的起始位置
flex-end	伸缩项目会主动向交叉轴的结束位置靠齐
center	伸缩项目会主动靠齐到交叉轴的中间位置
baseline	伸缩项目与它们的基线对齐
stretch	伸缩项目在交叉轴方向会主动拉伸至填满整个伸缩容器

下面笔者将分别阐述上述几个属性值的含义。

为了和之前的 HTML 代码区分，笔者对 HTML 代码稍微做了改动，如下：

```
 1  <!DOCTYPE html>
 2  <html lang="zh-cn">
 3  <head>
 4      <meta charset="UTF-8">
 5      <title>flex_start</title>
 6      <link rel="stylesheet" href="flex_start.css">
 7  </head>
 8  <body>
 9      <span class="flex-block">                       <!--伸缩容器，用来放置内部的伸缩项目-->
10          <span id="item1" class="flex-items">X</span>
11          <span id="item2" class="flex-items">D</span>   <!--伸缩项目元素-->
12          <span id="item3" class="flex-items">L</span>
13      </span>
14  </body>
15  </html>
```

1. 属性值：flex-start（默认值）

伸缩项目会主动靠齐到交叉轴的起始位置，CSS 代码如下：

```
 1
 2  .flex-block {                  /*伸缩容器的代码清单*/
 3      display: -ms-flexbox;
 4      display: flex;
 5      flex-direction: row;       /*主轴方向为水平方向，从左到右*/
 6      align-items: flex-start;   /*伸缩项目会主动靠齐到交叉轴的起始位置*/
 7      width: 200px;
 8      height: 200px;
 9      border: 1px solid #1abc9c;
10  }
11
12  .flex-block .flex-items {      /*伸缩项目的代码清单*/
13      width: 50px;
14      text-align: center;
15      line-height: 50px;
16      border: 1px solid #fff;
17      background-color: #3498db;
18  }
```

运行浏览器，效果图如图 10-16 所示。

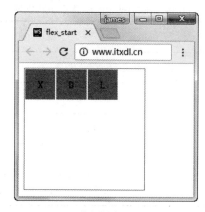

图 10-16　align-items 的属性值为 flex-start 时的效果图

2. 属性值：flex-end

伸缩项目会主动向交叉轴的结束位置靠齐，CSS 代码片段如下：

```
 1
 2 .flex-block {                          /*伸缩容器的代码清单*/
 3     display: -ms-flexbox;
 4     display: flex;
 5     -ms-flex-direction: row;           /*主轴方向为水平方向，从左到右*/
 6     flex-direction: row;               /*伸缩项目会主动向交叉轴的结束位置靠齐*/
 7     -ms-flex-align: end;
 8     align-items: flex-end;
 9     width: 200px;
10     height: 200px;
11     border: 1px solid #1abc9c;
12 }
13
14 .flex-block .flex-items {              /*伸缩项目的代码清单*/
15     width: 50px;
16     text-align: center;
17     line-height: 50px;
18     border: 1px solid #fff;
19     background-color: #3498db;
20 }
```

运行浏览器，效果图如图 10-17 所示。

图 10-17　align-items 的属性值为 flex-end 时的效果图

3. 属性值：center

伸缩项目会主动靠齐到交叉轴的中间位置，示例 CSS 代码片段如下：

```
 1
 2 .flex-block {                          /*伸缩容器的代码清单*/
 3     display: -ms-flexbox;
 4     display: flex;
 5     -ms-flex-direction: row;           /*主轴方向为水平方向，从左到右*/
 6     flex-direction: row;
 7     -ms-flex-align: center;            /*伸缩项目会主动靠齐到交叉轴的中间位置*/
 8     align-items: center;
 9     width: 200px;
10     height: 200px;
11     border: 1px solid #1abc9c;
12 }
13
14 .flex-block .flex-items {              /*伸缩项目的代码清单*/
15     width: 50px;
16     text-align: center;
17     line-height: 50px;
18     border: 1px solid #fff;
19     background-color: #3498db;
20 }
```

运行浏览器，效果图如图 10-18 所示。

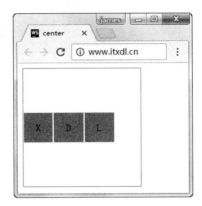

图 10-18　align-items 的属性值为 center 时的效果图

4．属性值：baseline

伸缩项目与它们的基线对齐。

图 10-19 所示为基线的示意图。

图 10-19　基线的示意图

维基百科的定义为：基线（Baseline）指的是多数字母排列的基准线。CSS 的代码如下：

```
.flex-block {                              /*伸缩容器的代码清单*/
    display: -ms-flexbox;
    display: flex;
    -ms-flex-direction: row;
    flex-direction: row;                   /*主轴方向为水平方向，从左到右*/
    -ms-flex-align: baseline;
    align-items: baseline;                 /*伸缩项目与它们的基线对齐*/
    width: 200px;
    height: 200px;
    border: 1px solid #1abc9c;
}

.flex-block .flex-items {                  /*伸缩项目的代码清单*/
    width: 50px;
    height: 50px;
    text-align: center;
    line-height: 50px;
    border: 1px solid #fff;
    background-color: #3498db;
}
```

```
22
23 #item1 {                              /*第一个伸缩项目的css样式*/
24     padding-top: 15px
25 }
26
27 #item2 {                              /*第二个伸缩项目的css样式*/
28     padding-top: 10px
29 }
30
31 #item3 {                              /*第三个伸缩项目的css样式*/
32     padding-top: 5px
33 }
```

提示：

我们分别给三个文字框加上了不同的 padding-top 值，使其高度不同，这样我们就能够认识 baseline 的特性了。

运行浏览器，效果图如图 10-20 所示。

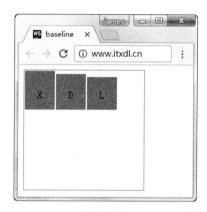

图 10-20　align-items 的属性值为 baseline 时的效果图

5. 属性值：stretch（默认值）

伸缩项目在交叉轴方向会主动拉伸至填满整个伸缩容器。

注意：

之前的代码中的每个字块都有高度。在本例中，如果想看到效果，伸缩项目是不能设置高度的。CSS 的代码如下：

```
1
2 .flex-block {                              /*伸缩容器的代码清单*/
3     display: -ms-flexbox;
4     display: flex;
5     -ms-flex-direction: row;               /*主轴方向为水平方向，从左到右*/
6     flex-direction: row;
7     -ms-flex-align: stretch;
8     align-items: stretch;                  /*伸缩项目在交叉轴方向会自动拉伸至填满整个伸缩容器*/
9     width: 200px;
10    height: 200px;
11    border: 1px solid #1abc9c;
12 }
13
14 .flex-block .flex-items {                  /*伸缩项目的代码清单*/
```

```
15      width: 50px;
16      text-align: center;
17      line-height: 200px;
18      border: 1px solid #fff;
19      background-color: #3498db;
20  }
```

运行浏览器，效果图如图 10-21 所示。

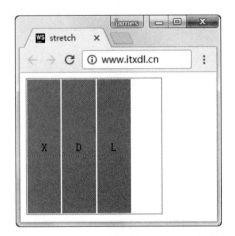

图 10-21　align-items 的属性值为 stretch 时的效果图

10.3.7　align-content 属性

之前我们了解了伸缩项目在主轴的 justify-content 属性，而 align-content 这个属性主要用来调整伸缩项目在交叉轴出现换行情况时的对齐方式。

其语法为：

align-content:flex-start
align-content:flex-end
align-content:center
align-content:space-between
align-content:space-around
align-content:stretch

注意：

相对于水平方向的伸缩项目的对齐方式，一般可以不用开启 flex-wrap。而在垂直方向上，flex-wrap: wrap 这个属性和属性值是必不可少的，因为这个效果只有在换行的情况下才能看到，并且垂直的伸缩项目都是指伸缩项目所在的行，因为这里调节的是伸缩项目换行后每行之间的对齐方式。

我们先完善 HTML 代码片段，如下：

```html
1  <!DOCTYPE html>
2  <html lang="zh-cn">
3  <head>
4      <meta charset="UTF-8">
5      <title>flex_start</title>
6      <link rel="stylesheet" href="flex_start.css">
7  </head>
8  <body>
9      <span class="flex-block">           <!--定义外部的伸缩容器，用来放置伸缩项目-->
10         <span class="flex-items">X</span>
11         <span class="flex-items">D</span>
12         <span class="flex-items">L</span>   <!--伸缩项目元素-->
13         <span class="flex-items">I</span>
14         <span class="flex-items">T</span>
15     </span>
16 </body>
```

下面笔者将分别介绍这六个属性的详细内容。

1. 属性值：flex-start（默认值）

对比之前的主（水平方向）轴线，可以得出该属性值使伸缩项目自动向交叉轴的起始位置（元素盒子的 top 位置）对齐，CSS 代码如下：

```css
1
2  .flex-block {                        /*伸缩容器的代码清单*/
3      display: -ms-flexbox;
4      display: flex;
5      -ms-flex-direction: row;
6      flex-direction: row;             /*主轴方向为水平方向，从左到右*/
7      -ms-flex-wrap: wrap;
8      flex-wrap: wrap;
9      align-content: flex-start;       /*伸缩项目主动向交叉轴的起始位置(元素盒子的top位置)对齐*/
10     width: 200px;
11     height: 200px;
12     border: 1px solid #1abc9c;
13 }
14
15 .flex-block .flex-items {            /*伸缩项目的代码清单*/
16     width: 50px;
17     height: 50px;
18     text-align: center;
19     line-height: 50px;
20     border: 1px solid #fff;
21     background-color: #3498db;
22 }
```

注意：

在实际项目开发中，如果我们使用默认情形，可以不写这个属性的属性值。

运行浏览器，效果图如图 10-22 所示。

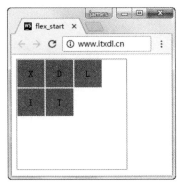

图 10-22　align-content 的属性值为 flex-start 时的效果图

2. 属性值：flex-end

和 flex-start 相反，flex-end 表示伸缩项目主动向结束位置靠齐（垂直方向上），CSS 代码如下：

```css
.flex-block {                        /*伸缩容器的代码清单*/
    display: -ms-flexbox;
    display: flex;
    -ms-flex-direction: row;
    flex-direction: row;             /*主轴方向为水平方向，从左到右*/
    -ms-flex-wrap: wrap;
    flex-wrap: wrap;
    align-content: flex-end;         /*伸缩项目主动向结束位置靠齐（垂直方向上）*/
    width: 200px;
    height: 200px;
    border: 1px solid #1abc9c;
}

.flex-block .flex-items {            /*伸缩项目的代码清单*/
    width: 50px;
    height: 50px;
    text-align: center;
    line-height: 50px;
    border: 1px solid #fff;
    background-color: #3498db;
}
```

运行浏览器，效果图如图 10-23 所示。

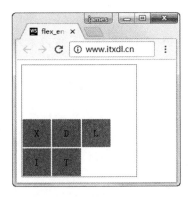

图 10-23　align-content 的属性值为 flex-end 时的效果图

3. 属性值:center

伸缩项目主动向交叉轴的中间位置靠齐,即在垂直方向上进行居中对齐,示例的 CSS 代码如下:

```css
.flex-block {
    display: -ms-flexbox;          /*伸缩容器的代码清单*/
    display: flex;
    -ms-flex-direction: row;
    flex-direction: row;           /*主轴方向为水平方向,从左到右*/
    -ms-flex-wrap: wrap;
    flex-wrap: wrap;
    align-content: center;         /*伸缩项目主动向交叉轴的中间位置靠齐*/
    width: 200px;
    height: 200px;
    border: 1px solid #1abc9c;
}

.flex-block .flex-items {          /*伸缩项目的代码清单*/
    width: 50px;
    height: 50px;
    text-align: center;
    line-height: 50px;
    border: 1px solid #fff;
    background-color: #3498db;
}
```

运行浏览器,效果图如图 10-24 所示。

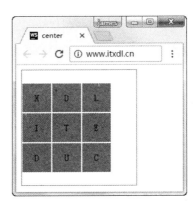

图 10-24　align-content 的属性值为 center 时的效果图

4. 属性值:space-between

伸缩项目会在交叉轴上平均分布,并占据开始和结束位置的空白部分。

提示:

和横轴的效果进行对比可以发现,我们可能需要更多的文字块来进行换行。因此 HTML 部分需要添加几个元素。

HTML 页面的代码片段如下:

```html
1  <!DOCTYPE html>
2  <html lang="zh-cn">
3  <head>
4      <meta charset="UTF-8">
5      <title>space_between</title>
6      <link rel="stylesheet" href="space_between.css">
7  </head>
8  <body>
9      <span class="flex-block">          <!--定义的外部容器，用来放置伸缩项目-->
10         <span class="flex-items">X</span>
11         <span class="flex-items">D</span>
12         <span class="flex-items">L</span>
13         <span class="flex-items">I</span>
14         <span class="flex-items">T</span>
15         <span class="flex-items">E</span>   <!--伸缩项目元素-->
16         <span class="flex-items">D</span>
17         <span class="flex-items">U</span>
18         <span class="flex-items">C</span>
19     </span>
20 </body>
21 </html>
```

CSS 代码片段如下：

```css
1
2  .flex-block {                         /*伸缩容器的代码清单*/
3      display: -ms-flexbox;
4      display: flex;
5      -ms-flex-direction: row;
6      flex-direction: row;              /*主轴方向为水平方向，从左到右*/
7      -ms-flex-wrap: wrap;
8      flex-wrap: wrap;
9      align-content: space-between;    /*伸缩项目会在交叉轴上平均分布，并占据开始和结束位置的空白部分*/
10     width: 200px;
11     height: 200px;
12     border: 1px solid #1abc9c;
13 }
14
15 .flex-block .flex-items {             /*伸缩项目的代码清单*/
16     width: 50px;
17     height: 50px;
18     text-align: center;
19     line-height: 50px;
20     border: 1px solid #fff;
21     background-color: #3498db;
22 }
```

运行浏览器，效果图如图 10-25 所示。

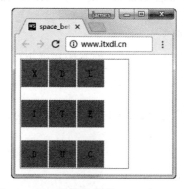

图 10-25　align-content 的属性值为 space-between 时的效果图

5. 属性值：space-around

伸缩项目在交叉轴（垂直方向）上平均分布，且上下各有一半的平均空间（间隙）。CSS 的代码如下：

```css
.flex-block {                               /*伸缩容器的代码清单*/
    display: -ms-flexbox;
    display: flex;
    -ms-flex-direction: row;
    flex-direction: row;                    /*主轴方向为水平方向，从左到右*/
    -ms-flex-wrap: wrap;
    flex-wrap: wrap;
    align-content: space-around;  /*在交叉轴上平均分布，上下各有一半的平均空间（间隙）*/
    width: 200px;
    height: 200px;
    border: 1px solid #1abc9c;
}
.flex-block .flex-items {                   /*伸缩项目的代码清单*/
    width: 50px;
    height: 50px;
    text-align: center;
    line-height: 50px;
    border: 1px solid #fff;
    background-color: #3498db;
}
```

注意：

相对于水平方向上的主轴的对齐方式，在交叉轴上也应该注意字块的数量和大小。

运行浏览器，效果图如图 10-26 所示。

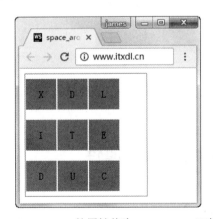

图 10-26　align-content 的属性值为 space-around 时的效果图

6. 属性值：stretch（默认值）

和主轴上的对齐方式的默认值相同，伸缩项目会在交叉轴上伸展占用剩余空间。CSS 代码如下：

```
1
2  .flex-block {                          /*伸缩容器的代码清单*/
3      display: -ms-flexbox;
4      display: flex;
5      -ms-flex-direction: row;           /*主轴方向为水平方向，从左到右*/
6      flex-direction: row;
7      -ms-flex-wrap: wrap;
8      flex-wrap: wrap;
9      align-content: stretch;            /*伸缩项目会在交叉轴上伸展占用剩余的空间*/
10     width: 200px;
11     height: 200px;
12     border: 1px solid #1abc9c;
13 }
14
15 .flex-block .flex-items {              /*伸缩项目的代码清单*/
16     width: 50px;
17     height: 50px;
18     text-align: center;
19     line-height: 50px;
20     border: 1px solid #fff;
21     background-color: #3498db;
22 }
```

运行浏览器，效果图如图 10-27 所示。

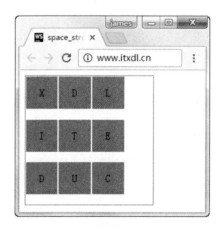

图 10-27　align-content 的属性值为 stretch 时的效果图

10.4 深入理解伸缩项目的属性

伸缩项目的属性为 cordova 的页面布局提供了诸多方便，那么伸缩容器和伸缩项目之间又有哪些联系呢？读者可以通过了解伸缩项目的属性来理解它们之间的关系。

首先笔者将伸缩项目的属性列出来，如下：

flex-grow
flex-shrink
flex-basis
flex
order
align-self

10.4.1 order 属性

order 表示排序的意思，如日常生活中的购物订单，都有一定的顺序。这个属性比较重要的一点是，order 的属性值越小排列越靠前，默认值为 0。这让我们想到了 x、y 轴之间的交点，我们可以理解为，当 order 的值趋于负无穷大时，当前元素的排列顺序越靠前。

其语法格式如下：

```
order: integer
```

我们将给每个文字块元素定义一个 ID，指定的 ID 可以使用 CSS 进行排序，因为每个元素的默认排序都是 0，如果我们给第五个元素一个更小的值，那么这个元素就可以被排列到所有文字块（除了本身）的第一个位置。

看看其 HTML 代码，如下：

```html
1  <!DOCTYPE html>
2  <html lang="zh-cn">
3  
4  <head>
5      <meta charset="UTF-8">
6      <title>order</title>
7      <link rel="stylesheet" href="./order.css">
8  </head>
9  
10 <body>
11     <span class="flex-block">                           <!--外部伸缩容器，用来放置伸缩项目-->
12         <span id="item_one" class="flex-items">L</span>
13         <span id="item_two" class="flex-items">A</span>
14         <span id="item_three" class="flex-items">M</span><!--伸缩项目元素-->
15         <span id="item_four" class="flex-items">P</span>
16         <span id="item_five" class="flex-items">X</span>
17     </span>
18 </body>
19 
20 </html>
```

CSS 代码如下：

```css
1  
2  .flex-block {                        /*伸缩容器的代码清单*/
3      display: -ms-flexbox;
4      display: flex;
5      -ms-flex-direction: row;
6      flex-direction: row;
7      -ms-flex-wrap: wrap;
8      flex-wrap: wrap;
9      width: 200px;
10     height: 200px;
11     border: 1px solid #1abc9c;
12 }
13 
14 .flex-block .flex-items {            /*伸缩项目的代码清单*/
15     width: 50px;
16     height: 50px;
17     text-align: center;
```

```
18      line-height: 50px;
19      border: 1px solid #fff;
20      background-color: #3498db;
21 }
22
23 #item_five {                    /*第五个伸缩项目的代码清单 order:-2*/
24      -ms-flex-order: -2;
25      order: -2;
26
27 }
```

运行浏览器，效果图如图 10-28 所示，此时，图 10-28 中的第五个元素的 order 属性值为-2。若笔者修改 order 的属性值为 0，重新刷新浏览器界面，运行效果如图 10-29 所示。

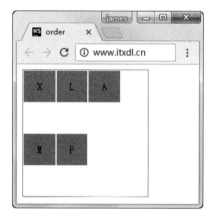
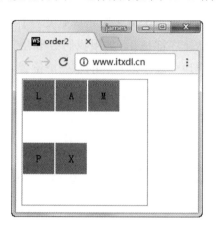

图 10-28　order 值为-2 时的效果图　　　图 10-29　order 值为 0 时的效果图

10.4.2　flex-grow 属性

从 grow 这个词的本义出发，该属性可以延伸为放大的意思。实际上，该属性定义的是伸缩项目的放大比例，默认情况下其值为 0，并且如果存在剩余的伸缩空间，其也不会进行放大处理。但是在其所有文字块元素的 flex-grow 值为 1 的情况下，每个伸缩项目都会占用一个大小相同的剩余空间，如果将其中的一个伸缩项目的 flex-grow 的值设为 2，那么它将占用两个剩余空间，是其他伸缩项目所占空间的两倍，以此类推。

其语法如下：

flex-grow: number

注意：

一般其默认值为 0。

HTML 代码如下:

```html
1  <!DOCTYPE html>
2  <html lang="zh-cn">
3
4  <head>
5      <meta charset="UTF-8">
6      <title>flex_grow</title>
7      <link rel="stylesheet" href="./flex_grow.css">
8  </head>
9
10 <body>
11     <span class="flex-block">                    <!--外部伸缩容器,用来放置伸缩项目-->
12         <span id="item_one" class="flex-items">B</span>
13         <span id="item_two" class="flex-items">J</span>
14         <span id="item_three" class="flex-items">X</span><!--伸缩项目元素-->
15         <span id="item_four" class="flex-items">D</span>
16         <span id="item_five" class="flex-items">L</span>
17     </span>
18 </body>
19
20 </html>
```

CSS 代码如下:

```css
1
2  .flex-block {                      /*伸缩容器的代码清单*/
3      display: -ms-flexbox;
4      display: flex;
5      -ms-flex-direction: row;
6      flex-direction: row;
7      -ms-flex-wrap: wrap;
8      flex-wrap: wrap;
9      width: 200px;
10     height: 200px;
11     border: 1px solid #1abc9c;
12 }
13
14 .flex-block .flex-items {          /*伸缩项目的代码清单*/
15     width: 50px;
16     height: 50px;
17     text-align: center;
18     line-height: 50px;
19     border: 1px solid #fff;
20     background-color: #3498db;
21 }
22
23 #item_five {                       /*定义伸缩项目的放大比例 : 1*/
24     flex-grow: 1
25 }
26
27 #item_four {                       /*定义伸缩项目的放大比例: 2*/
28     flex-grow: 2
29 }
```

效果图如图 10-30 所示。

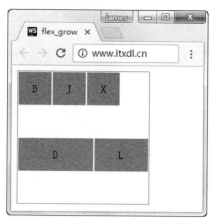

图 10-30　伸缩项目属性为 flex-grow 时的效果图

10.4.3　flex-shrink

这个属性是用来定义伸缩项目的收缩比例的，其语法如下：

```
flex-shrink:number
```

注意：

默认值为 1，如果指定为 3，当指定的文字块元素空间不足时，那么它将缩小为其他默认文字块元素的 1/3，以此类推。

HTML 代码如下：

```html
1  <!DOCTYPE html>
2  <html lang="zh-cn">
3
4  <head>
5      <meta charset="UTF-8">
6      <title>shrink</title>
7      <link rel="stylesheet" href="./flex_shrink.css">
8  </head>
9
10 <body>
11     <span class="flex-block">                                <!--外部伸缩容器，用来放置伸缩项目-->
12         <span id="item_one" class="flex-items">B</span>
13         <span id="item_two" class="flex-items">J</span>
14         <span id="item_three" class="flex-items">E</span>   <!--伸缩项目元素-->
15         <span id="item_four" class="flex-items">D</span>
16         <span id="item_five" class="flex-items">U</span>
17     </span>
18 </body>
19 </html>
```

CSS 代码如下：

```css
1
2  .flex-block {                    /*伸缩容器的代码清单*/
3      display: -ms-flexbox;
4      display: flex;
```

```
5       -ms-flex-direction: row;
6       flex-direction: row;
7       -ms-flex-wrap: nowrap;       /*空间不充足的情况下，不进行换行*/
8       flex-wrap: nowrap;
9       width: 200px;
10      height: 200px;
11      border: 1px solid #1abc9c;
12  }
13
14  .flex-block .flex-items {        /*伸缩项目的代码清单*/
15      width: 50px;
16      height: 50px;
17      text-align: center;
18      line-height: 50px;
19      border: 1px solid #fff;
20      background-color: #3498db;
21  }
22
23  #item_five {                     /*定义第五个元素在空间不足的情况下缩小为默认大小的 1/3*/
24      flex-shrink: 3;
25  }
```

运行浏览器，其效果图如图 10-31 所示。

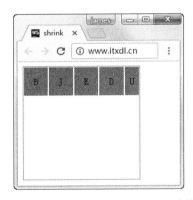

图 10-31　伸缩项目的属性为 flex-shrink 时的效果图

提示：

如图 10-30 所示，第五个字块 "U" 在空间不足的情况下缩小为其他元素大小的 1/3。

10.4.4　flex-basis 属性

该属性用来设置伸缩项目的基准值，例如给第五个文字块设置一个固定的像素值，剩余的空间按比例进行伸缩，其语法如下：

flex-basis :length
flex-basis:auto

提示：

其默认值为 auto（自动）。

HTML 代码如下：

```html
<!DOCTYPE html>
<html lang="zh-cn">

<head>
    <meta charset="UTF-8">
    <title>flex_basis</title>
    <link rel="stylesheet" href="./flex_basis.css">
</head>

<body>
    <span class="flex-block">                          <!--外部伸缩容器，用来放置伸缩项目-->
        <span id="item_one" class="flex-items">B</span>
        <span id="item_two" class="flex-items">J</span>
        <span id="item_three" class="flex-items">C</span>   <!--伸缩项目元素-->
        <span id="item_four" class="flex-items">P</span>
        <span id="item_five" class="flex-items">C</span>
    </span>
</body>
</html>
```

在 CSS 文件里，笔者将第四个和第五个文字块的样式分别加上了不同的基准值，注意，在这里换行的属性值需要加上，CSS 代码如下：

```css
.flex-block {                      /*伸缩容器的代码清单*/
    display: -ms-flexbox;
    display: flex;
    -ms-flex-direction: row;
    flex-direction: row;
    -ms-flex-wrap: wrap;           /*默认换行很重要*/
    flex-wrap: wrap;
    width: 200px;
    height: 200px;
    border: 1px solid #1abc9c;
}

.flex-block .flex-items {          /*伸缩项目的代码清单*/
    width: 50px;
    height: 50px;
    text-align: center;
    line-height: 50px;
    border: 1px solid #fff;
    background-color: #3498db;
}

#item_four {                       /*定义第四个元素的基准值*/
    flex-basis: 150px;
}

#item_five {
    flex-basis: 100px;             /*定义第五个元素的基准值*/
}
```

运行浏览器，效果图如图 10-32 所示。

第 10 章 Cordova 开发基础

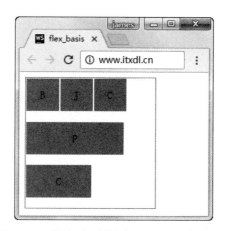

图 10-32 伸缩项目属性为 flex-basis 的效果图

10.4.5 flex 属性

这个属性是将第二个到第四个属性组合而成的属性，即 **flex-grow**、**flex-shrink**、**flex-basis** 这三个属性的缩写。其语法如下：

```
flex : none
flex : flex-grow flex-shrink flex-basis
```

第一个参数是必选参数，第二个和第三个参数是可选参数，并且其默认值为 0、1、auto，这些默认参数分别是从各自的默认属性值得来的。

HTML 代码如下：

```html
<!DOCTYPE html>
<html lang="zh-cn">
<head>
    <meta charset="UTF-8">
    <title>flex</title>
    <link rel="stylesheet" href="./flex.css">
</head>
<body>
    <span class="flex-block">              <!--外部伸缩容器，用于放置伸缩项目-->
        <span class="flex-items item1">E</span>
        <span class="flex-items item2">D</span><!--伸缩项目元素-->
        <span class="flex-items item3">U</span>
    </span>
</body>
</html>
```

CSS 样式代码如下：

```css
.flex-block{                    /*伸缩容器代码清单*/
    display: -ms-flexbox;
    display: flex;
    -ms-flex-direction: row;
    flex-direction: row;
    width: 200px;
```

```
 8      height: 200px;
 9      border: 1px solid #1abc9c;
10 }
11
12 .flex-block .flex-items {        /*伸缩项目代码清单*/
13      width: 40px;
14      height: 40px;
15      text-align: center;
16      line-height: 40px;
17      border: 1px solid #fff;
18      background-color: #3498db;
19 }
20
21 .item3 {                         /*设置flex-grow的值为1,其他为默认值*/
22      flex: 1;                    /*默认值 0、1、auto*/
23 }
```

运行浏览器，效果图如图 10-33 所示。

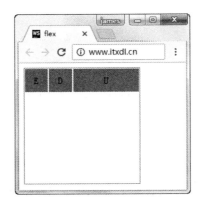

图 10-33　元素 item3 flex 值为 1 的效果图

提示：

在 CSS 代码中，flex 的值可以为 auto 和 none，auto 实际上就是（1、1、auto），而 none 实际上就是（0、0、auto），由此看来第一个参数项非常重要。

10.4.6　align-self 属性

这是一个比较特殊的属性，用来设置单个伸缩项目在交叉轴上的对齐方式，且优先级高于默认值，会覆盖默认的对齐方式。语法如下：

```
align-self:auto
align-self:flex-start
align-self:flex-end
align-self:center
align-self:baseline
align-self:stretch
```

笔者将分别阐述每个属性值，在此之前读者先来看看 HTML 代码片段，如下：

```html
1  <!DOCTYPE html>
2  <html lang="zh-cn">
3
4  <head>
5      <meta charset="UTF-8">
6      <title>auto</title>
7      <link rel="stylesheet" href="auto.css">
8  </head>
9
10 <body>
11     <span class="flex-block">                           <!--伸缩容器,用来放置伸缩项目-->
12         <span id="item_one" class="flex-items">A</span>
13         <span id="item_two" class="flex-items">B</span>  <!--伸缩项目元素-->
14         <span id="item_three" class="flex-items">C</span>
15     </span>
16 </body>
17
18 </html>
```

1. 属性值:auto(默认值)

我们先看默认的 auto(自动)的效果,在 CSS 代码中将 align-self 的值设置为 auto 即可。

CSS 代码如下:

```css
1
2  .flex-block {                       /*伸缩容器的代码清单*/
3      display: -ms-flexbox;
4      display: flex;
5      -ms-flex-direction: row;
6      flex-direction: row;
7      -ms-flex-wrap: wrap;
8      flex-wrap: wrap;
9      width: 200px;
10     height: 200px;
11     border: 1px solid #1abc9c;
12 }
13
14 .flex-block .flex-items {           /*伸缩项目的代码清单*/
15     width: 50px;
16     height: 50px;
17     text-align: center;
18     line-height: 50px;
19     border: 1px solid #fff;
20     background-color: #3498db;
21 }
22
23 #item_three {                       /*auto:默认自动的效果*/
24     align-self: auto;
25 }
```

浏览器运行效果如图 10-34 所示。

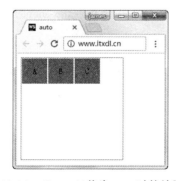

图 10-34　align-self 值为 auto 时的效果图

2. 属性值：flex-start

这个属性值和在主轴上的属性相同，伸缩项目向交叉轴的开始位置靠齐。下面是 CSS 示例代码：

```css
.flex-block {                              /*伸缩容器的代码清单*/
    display: -ms-flexbox;
    display: flex;
    -ms-flex-direction: row;
    flex-direction: row;
    -ms-flex-wrap: wrap;
    flex-wrap: wrap;
    width: 200px;
    height: 200px;
    border: 1px solid #1abc9c;
}

.flex-block .flex-items {                  /*伸缩项目的代码清单*/
    width: 50px;
    height: 50px;
    text-align: center;
    line-height: 50px;
    border: 1px solid #fff;
    background-color: #3498db;
}

#item_three {                              /*设置第三个伸缩项目元素向交叉轴的开始位置靠齐*/
    align-self: flex-start;
}
```

运行浏览器，效果图如图 10-35 所示。

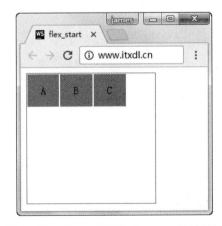

图 10-35　align-self 值为 flex-start 的效果图

3. 属性值：flex-end

和主轴的排列顺序一致，其意义是单个伸缩项目向交叉轴的结束位置靠齐。CSS 示例代码如下：

```
1
2  .flex-block {                          /*伸缩容器的代码清单*/
3      display: -ms-flexbox;
4      display: flex;
5      -ms-flex-direction: row;
6      flex-direction: row;
7      -ms-flex-wrap: wrap;
8      flex-wrap: wrap;
9      width: 200px;
10     height: 200px;
11     border: 1px solid #1abc9c;
12 }
13
14 .flex-block .flex-items {               /*伸缩项目的代码清单*/
15     width: 50px;
16     height: 50px;
17     text-align: center;
18     line-height: 50px;
19     border: 1px solid #fff;
20     background-color: #3498db;
21 }
22
23 #item_three {                           /*设置单个伸缩项目向交叉轴的结束位置靠齐*/
24     align-self: flex-end;
25 }
```

运行浏览器，效果图如图 10-36 所示。

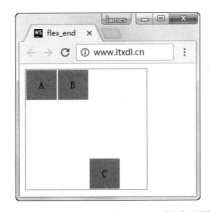

图 10-36　align-self 为 flex-end 的效果图

4．属性值：center

伸缩项目自动向交叉轴的中心位置靠近，即垂直方向居中。下面笔者将展示 CSS 代码，如下：

```
1
2  .flex-block {                          /*伸缩容器的代码清单*/
3      display: -ms-flexbox;
4      display: flex;
5      -ms-flex-direction: row;
6      flex-direction: row;
7      -ms-flex-wrap: wrap;
8      flex-wrap: wrap;
9      width: 200px;
10     height: 200px;
11     border: 1px solid #1abc9c;
12 }
13
```

```
14 .flex-block .flex-items{              /*伸缩项目的代码清单*/
15     width: 50px;
16     height: 50px;
17     text-align: center;
18     line-height: 50px;
19     border: 1px solid #fff;
20     background-color: #3498db;
21 }
22
23 #items_three{
24     align-self: center;                /*垂直居中*/
25 }
```

注意：

为了方便观察，笔者将外框的高度改成了200px。

运行浏览器，其效果图如图10-37所示。

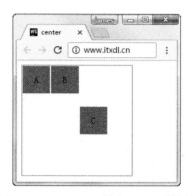

图10-37　align-self 值为 center 的效果

5. 属性值：baseline

伸缩项目会与基线主动进行对齐，CSS 代码如下：

```
 1
 2 .flex-block {                          /*伸缩容器的代码清单*/
 3     display: -ms-flexbox;
 4     display: flex;
 5     -ms-flex-direction: row;
 6     flex-direction: row;
 7     -ms-flex-wrap: wrap;
 8     flex-wrap: wrap;
 9     width: 200px;
10     height: 200px;
11     border: 1px solid #1abc9c;
12 }
13
14 .flex-block .flex-items {              /*伸缩项目的代码清单*/
15     width: 50px;
16     height: 50px;
17     text-align: center;
18     line-height: 50px;
19     border: 1px solid #fff;
20     background-color: #3498db;
21 }
22
```

```
23  #item_one {                          /*设置第一个伸缩项目的字体值为40px*/
24      align-self: baseline;
25      font-size: 40px;
26  }
27
28  #item_two {                          /*设置第二个伸缩项目的字体值为30px*/
29      align-self: baseline;
30      font-size: 30px;
31  }
32
33  #item_three {                        /*设置第三个伸缩项目的字体值为20px*/
34      align-self: baseline;
35      font-size: 20px;
36  }
```

运行浏览器，其效果图如图 10-38 所示。

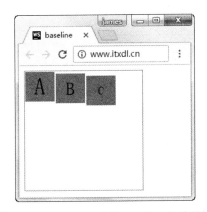

图 10-38　align-self 值为 baseline 的效果图

6. 属性值：stretch

伸缩项目会在交叉轴方向将伸缩容器占满。

提示：

伸缩容器在交叉轴，即垂直方向的轴，因此，如果伸缩容器设置了高度，那么 stretch 将不能起到作用。因此，在下面的 CSS 代码中，笔者只将中间的第一个文字块 A 的高度去掉，以便观察效果。

CSS 代码片段如下：

```
1
2   .flex-block {                        /*伸缩容器的代码清单*/
3       display: -ms-flexbox;
4       display: flex;
5       -ms-flex-direction: row;
6       flex-direction: row;
7       -ms-flex-wrap: wrap;
8       flex-wrap: wrap;
9       width: 200px;
10      height: 200px;
11      border: 1px solid #1abc9c;
12  }
13
```

```
14  .flex-block .flex-items {        /*伸缩项目的代码清单*/
15      width: 50px;
16      text-align: center;
17      line-height: 50px;
18      border: 1px solid #fff;
19      background-color: #3498db;
20  }
21
22  #item_one {                       /*设置第一个伸缩项目在交叉轴方向将伸缩容器占满*/
23      align-self: stretch;
24  }
25
26  #item_two, #item_three {          /*设置第二个和第三个伸缩项目的高为50px*/
27      height: 50px;
28  }
```

运行浏览器，效果图如图 10-39 所示。

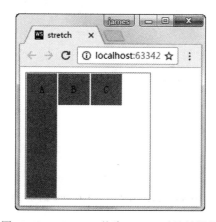

图 10-39　align-self 值为 stretch 时的效果图

10.5　本章总结

本章我们了解并学习了 flexbox 布局模型在移动端的使用和使用的新特性。使用这些新特性会大大地提高开发效率，减少开发成本和时间。下一章我们将从实例中学习如何使用 flexbox 布局模型和 jQuery Mobile UI 框架。

本章习题及其答案

本章资源包

练习题

一、选择题

1. 弹性布局是由哪个组织提出来的（　　）。
A．WWF   B．W3C   C．WWW   D．WEB
2. flexbox 是什么单词的缩写（　　）。
A．Flexible Box   B．Flash Box   C．Flash Boxing   D．Fire Box
3. 一般，伸缩容器由主轴和（　　）组成。
A．侧轴   B．垂直轴   C．交叉轴   D．铅锤轴
4. flex-direction 用来指定（　　）。
A．交叉轴的方向   B．侧轴的方向
C．垂直轴的方向   D．主轴的方向
5. display 属性的属性值 inline-flex 表示（　　）。
A．内联伸缩容器   B．块级伸缩容器
C．弹性伸缩容器   D．伸缩容器
6. flex-direction 的哪个属性值是沿着水平方向反向排列的（　　）。
A．row   B．row-reverse   C．column   D．column-reverse
7. flex-wrap 的属性值中哪个表示即使空间不足，也不需要进行换行（　　）。
A．nowrap   B．wrap   C．wrap-reverse   D．flex-wrap
8. flex-flow 是 flex-direction 和（　　）的简写。
A．flex-nowrap   B．flex-wrap   C．flex-shrink   D．flex-basis
9. 这个属性是用来定义伸缩项目的收缩比例的，那么这个属性是（　　）。
A．flex-shrink   B．flex-basis   C．flex-grow   D．flex-box
10. 下面不属于 align_self 属性值的是（　　）。
A．auto   B．flex-end   C．baseline   D．flex_center

二、简答题

请简述常见的移动端布局方式和常用的框架。

第11章

Cordova 中的事件处理

在之前的章节我们实现了第一个 Cordova 程序,并且熟知了移动端必要的布局知识——flexbox。本章的重点是引入"生命周期"这一非常重要的概念。如果不能深入了解 Cordova 的生命周期,就不能真正地入门 Cordova。因此,本章将讲解 Cordova 的相关调试技能和生命周期的相关知识。最后通过对电池状态信息的处理,加深对事件处理的认知。

本章二维码

本章二维码里面包括:
1. 本章的学习视频;
2. 本章所有实例演示结果;
3. 本章习题及其答案;
4. 本章资源包(包括本章所有代码)下载;
5. 本章的扩展知识。

11.1 关于 Cordova 生命周期

11.1.1 认识程序的生命周期

在原生的安卓应用开发中,倘若读者做过原生开发,那么应该不会对"生命周期"这个词陌生,即一个程序从打开到关闭,宛如一个人的生命,如图 11-1 所示。

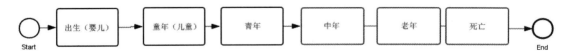

图 11-1 人类的生命周期

同样地，Android 的一个程序的生命周期也是从开始到结束（从"出生时刻"到"死亡时刻"），本节笔者将阐述生命周期的那些事。

图 11-2 所示是一个 Activity（应用程序）的生命周期的流程图，它表示了一个 Android 应用在创建和结束的过程中所经历的种种事件。下面笔者大致阐述一下各个状态对应的事件。

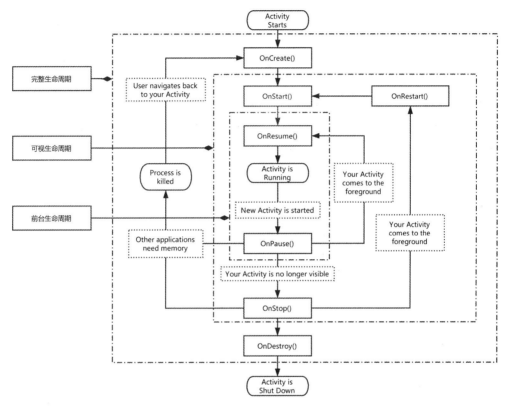

图 11-2　Android Activity 生命周期图

1. onStart()

当用户启动一个应用程序时，系统将调用 onCreate()方法创建一个 Activity 对象，接着调用 onStart()方法和 onResume()方法，使刚刚创建的应用程序进入运行状态。

2. onPause()

当用户打开其他应用程序时，当前的 Activity 会被其他的 Activity 覆盖；或者用户的手机进入锁屏状态时，之前的 Activity 就会被放入后台运行，系统将会调用 onPause()方法，使 Activity 进入暂停状态。

3. onResume()

当用户重新运行被覆盖的 Activity 时，系统将调用 onResume()方法，使程序回到运行状态。

4. onStop()

当用户点击了 Home 键回到主界面时,Activity 就会被保存到后台,接着调用 onPause() 方法,再调用 onStop() 方法,应用将被隐藏且进入后台状态。

5. onRestart()

当用户重新打开处于后台的 Activity 时,系统就会调用 onRestart() 方法,再调用 onStart() 方法,此时 Activity 进入正常运行状态。

6. Process is killed

用户使当前 Activity 处于后台状态,或者被之后的应用所覆盖时,如果系统内存不足,那么处于后台或者被覆盖的 Activity 的进程就会被杀死。而当用户重新进入处于后台或被覆盖的 Activity 时,当前的 Activity 就会调用 onCreate() 方法、onStart() 方法、onResume() 方法,使 Activity 进入正常运行状态。

7. onDestroy()

用户退出正在运行的 Activity 时,系统就会先调用 onPause() 方法,再调用 onStop() 方法,最后调用 onDestroy() 方法,结束当前运行的 Activity。

在应用的创建与销毁的过程中,我们了解了一个应用程序的生命周期,那么在 Cordova 程序中,它的生命周期又是什么样子的呢?

11.1.2 理解 Cordova 生命周期中的事件

Cordova 的应用结构可以使用一个官方的图来解释,如图 11-3 所示。

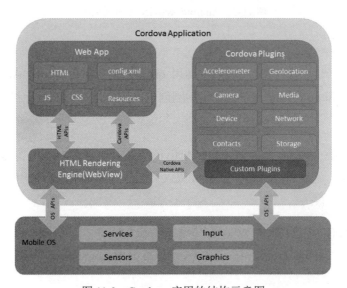

图 11-3 Cordova 应用的结构示意图

Cordova 的核心是 JavaScript，系统将使用 JavaScript 调用 Cordova 的 OS API 来获取手机的硬件信息。目前的 Cordova 可以监听处理按钮、音量、电量、网络等比较常用的信息。我们已经知道，在 deviceready 事件被触发，也就是设备正常运行时，如果系统监听到了音量加大事件，那么系统将给予相应的回应，即一个事件发生了，我们将对这个事件进行处理。

注意：
Cordova 的生命周期可以理解为在屏幕中运行的一部分，当应用被暂停或重新打开时，应用会自动调用 pause() 或 resume() 方法。

当前版本的 Cordova 为 6.x，在官方文档给出的事件列表中，整个 Cordova 的生命周期可以分为十种不同的事件，表 11-1 是 Cordova 当前版本的事件列表。

注意：
由于官方将电池的状态事件单独分离出来，因此，笔者将在后面对其进行单独的实例讲解。

表 11-1　各大移动平台对应的 Cordova 生命周期中的事件

支持平台/事件	安卓	黑莓	iOS	WP8	Windows
deviceready	√	√	√	√	√
pause	√	√	√	√	√
resume	√	√	√	√	√
backbutton	√	√			√
menubutton	√	√			
searchbutton	√				
startcallbutton		√			
endcallbutton		√			
volumedownbutton	√	√			
volumeupbutton	√	√			

事件的分组和处理可以明确不同事件的作用，笔者将对这些属性进行分组处理，以方便理解和应用，如表 11-2 所示。

表 11-2　Cordova 中的事件分类

事件分类名	包含的事件
程序加载状态事件（加载、暂停、恢复）	pause、resume、deviceready
设备状态事件（电池）	battery 消息事件实例
用户主动触发事件	backbutton、menubutton、searchbutton、startcallbutton、endcallbutton、volumedownbutton、volumeupbutton

下面笔者将详细说明每个事件分类。

1．程序加载状态事件

程序加载过程中的事件包含 deviceready 事件、pause 事件和 resume 事件，对程序的初始化完成、暂停和恢复进行回应和相应的逻辑处理。

2．设备状态事件

当程序在运行的过程中，设备的情况发生了一些变化，如电池的电量变化。这些变化就会触发相应的事件，且不能被用户的意志所控制，如电池的电量低，还有离线和在线等状态，但是这种状态现在也被分离成了 Plugin 形式，这些状态就是设备的主动事件。

3．用户主动触发事件

用户主动触发事件包含了很多现在主流平台的按钮事件，例如安卓的返回按钮、菜单按钮。

值得注意的是，同一个主动事件不一定适应不同的平台，如表 11-1 所示。

WP8 除了可以处理程序加载状态的事件，其他的事件都不可以处理，若要使用搜索按键是根本不可能的。并且在国内主流的安卓手机采用的设计中，如华为、小米等比较热门的手机，也省略了搜索键，只有菜单键、Home 键、返回键得以保存。在 iOS 手机的设计中，除了"Home"键，音量的加减键也无法起到作用。

表 11-3 是各个事件所对应的说明表，方便读者自行查看。

表 11-3　Cordova 生命周期中的事件说明

事件名称	事件说明
deviceready	当设备加载完毕后触发的事件
pause	当程序被暂停并隐藏到后台运行时会触发的事件
resume	当程序被从后台重新触发并显示到前台运行时所触发的事件
backbutton	当用户按下"返回"按钮时，该事件就会被触发

续表

事件名称	事件说明
menubutton	当用户按下"菜单"按钮时,该事件就会被触发
searchbutton	当用户按下"搜索"按钮时,该事件就会被触发
startcallbutton	当用户按下"通话"按钮时,该事件就会被触发
endcallbutton	当用户按下"挂断"按钮时,该事件就会被触发
volumedownbutton	当用户按下"音量减小"按钮时,该事件就会被触发
volumeupbutton	当用户按下"音量增大"按钮时,该事件就会被触发

注意:

startcallbutton、endcallbutton 这两个事件只在黑莓平台有效,其他平台均无法使用此事件。

11.2 Cordova 生命周期事件的使用

11.2.1 Cordova 的生命周期中的程序加载状态事件

在之前的小节中,我们了解了 Cordova 的常见事件,现在笔者就来说说相关事件的使用。笔者将根据事件的分类来进行讲解,下面要讲解的是程序加载状态事件,分别为 deviceready、pause、resume 事件。笔者使用 Cordova 创建命令创建一个 Cordova 项目,读者可以根据实际情况进行命名。

```
$ cordova create ProgressLoad com.progressload.www ProgressLoad
```

按照项目创建约定,逻辑代码放在 index.js 中。

切换到项目文件夹根路径下的 www 目录下:

```
$ cd ProgressLoad
```

首先来看一下 HTML 文件中的代码,读者可以使用任意文本编辑器编辑代码,笔者推荐使用 SublimeText3,具体获取方式在之前的章节已经陈述过。index.html 的代码清单如下所示。需要注意的是,为了显示简洁,这里省略了 HTML 元素标签中的一部分 META 标签,读者可以自行查看源码(见本书附带的二维码)。

细说 HTML5 高级 API

```html
1  <!DOCTYPE html>
2  <html>
3      <head>
4          <meta http-equiv="Content-Security-Policy" content="default-src 'self' data: gap: https://ssl.gstatic.com 'unsafe-eval'; style-src 'self' 'unsafe-inline'; media-src *">
5          <meta name="format-detection" content="telephone=no">
6          <meta charset="utf-8">
7          <meta name="msapplication-tap-highlight" content="no">
8          <meta name="viewport" content="user-scalable=no, initial-scale=1, maximum-scale=1, minimum-scale=1, width=device-width">
9          <link rel="stylesheet" type="text/css" href="css/jquery.mobile-1.4.5.css">
10         <script type="text/javascript" src="js/jquery-2.1.1.min.js"></script>
11         <script type="text/javascript" src="js/jquery.mobile-1.4.5.js"></script>
12         <script type="text/javascript" src="js/index.js"></script>
13         <script type="text/javascript" src="cordova.js"></script>
14         <title>程序加载事件的监听</title>
15     </head>
16     <body>
17         <!--cordova的页面后面将详细讲解，本节只是稍微用一下-->
18         <div data-role="page" data-theme="a">
19             <!--页面头部-->
20             <div data-role="header" data-position="fixed">
21                 <h4>程序加载事件监听</h4></div>
22             <!--页面内容-->
23             <div role="main" class="ui-content">
24                 <ul data-role="listview">
25                     <li>这是程序加载事件的使用</li>
26                     <li>程序加载完毕，弹出提示对话框，提示程序加载完毕</li>
27                     <li>程序进入后台，弹出提示对话框，提示程序暂停</li>
28                     <li>程序恢复前台，弹出提示对话框，程序进入运行状态</li>
29                 </ul>
30             </div>
31             <!--页面页脚-->
32             <div data-role="footer" data-position="fixed">
33                 <div data-role="navbar" data-position="fixed" >
34                     <ul>
35                         <li><a href="#" class="ui-btn-active">程序加载状态</a></li>
36                     </ul>
37                 </div>
38             </div>
39         </div>
40     </body>
41 </html>
```

根据 index.html 代码清单，我们需要注意以下两个问题。

第一：

注意引用 JavaScript 代码库的顺序，jQuery 的引用必须在 jQuery Mobile 之前。因为 jQuery Mobile 的代码库依赖于 jQuery，即它是基于这个插件的，如同建造楼房时地基就是楼的依赖一样，这样，jQuery Mobile 才能正常运行。

第二：

Cordova.js 文件的引用不需要添加任何其他路径，使用默认的写法即可，因为编译成平台之后，Cordova.js 文件就会备份到 index.html 所在的文件根目录中。

下面笔者将展示 index.js 的代码清单，代码结构其实比较简洁，读者可以自己动手编写 JavaScript 代码。

在 index.js 中，一共添加了三个监听事件，分别用于监听程序是否加载完成、当前程序是否在后台运行、后台程序是否恢复正常运行状态。我们只需要给每一个监听事件加上对应的处理（Handler）函数，再在每个函数中提示相应的消息就可以测试了。index.js 的代码如下：

```javascript
/*
* 监听deviceready事件，当设备加载完毕之后，onDeviceready事件就会被触发。
*/
document.addEventListener('deviceready',onDeviceReady,false);
/*
* 设备加载完毕后就会执行下面的函数
*/
function onDeviceReady(){
/*
* 提示设备加载完毕
*/
    alert('设备加载准备完毕！');
/*
* 当设备完成初始化之后，就可以去监听其他事件了
* 下面第一个监听的事件就是pause事件，即进入后台事件
* 其次监听的事件就是resume事件，程序从后台返回前台的事件
*/
    document.addEventListener('pause',Pause,false);
    document.addEventListener('resume',Resume,false);
}
/*
* 当pause事件被触发时，会调用相应的处理函数，
* 下面的两个handler函数就是分别对应监听的两个事件的
*/
function Pause(){
/*
* 当程序进入后台时，提示用户程序已经被暂停并隐藏到了后台
*/
    alert('程序被暂停到了后台');
}
/*
* 当程序在后台被用户重新激活时，提示用户程序已进入正常状态，当然正式项目的时候大可不必这么做
*/
function Resume(){
    alert('程序恢复到前台执行');
}
```

编译安装运行的效果如图 11-4 所示，这是 deviceready 事件完成后的效果图，而当读者操作 Home 键返回桌面的时候，程序就会被暂停到后台。我们虽然无法直接通过肉眼捕捉此时的事件触发，但是我们在之前的代码中已经部署好了相应的事件处理函数。因此，当我们返回程序主界面时，可以看到 Alert 弹窗提醒，如图 11-5 所示。

图 11-4　设备加载完毕的提示框　　　　图 11-5　程序被暂停到了后台的提示框

程序恢复到运行状态的提示，如图 11-6 所示。

读者可能对之前的代码文件为什么需要分开写产生疑问，其实读者可以自己建立一个 index.html 文件，直接在里面写上自己的 HTML、JavaScript 代码，CSS 样式可以自己写，也可以不写，但是为了保持良好的习惯，笔者建议将代码分开比较好。

另外，监听后台运行事件和恢复的监听事件应该放在 deviceready 之后运行，这是非常好的习惯，希望读者也能够保持这种习惯。

图 11-6　程序恢复到前台执行

11.2.2　Cordova 生命周期中的设备状态事件

下面笔者将继续介绍如何使用 Cordova 的设备状态事件，由于 Cordova 的版本升级问题，电池状态事件已经从事件中直接分离出来了，现在需要安装 Plugin（插件）才能使用这个功能。安装过程如下。

（1）创建项目。

```
$ cordova create DeviceStatus com.devicestatus.www    DeviceStatus
```

切换到当前目录：

```
$ cd DeviceStatus
```

（2）添加插件。

```
$ cordova plugin add cordova-plugin-battery-status
```

查看安装是否成功，继续输入以下命令：

```
$ cordova plugins show
```

显示结果如下即可：

```
cordova-plugin-battery-status 1.1.2 "Battery"
```

接着我们来看看 HTML 代码清单的详细内容，index.html 的代码实例如下：

```html
1
2  <!DOCTYPE html>
3  <html>
4      <head>
5          <meta http-equiv="Content-Security-Policy" content="default-src 'self' data: gap:
             https://ssl.gstatic.com 'unsafe-eval'; style-src 'self' 'unsafe-inline'; media-src
             *">
6          <meta name="format-detection" content="telephone=no">
7          <meta charset="utf-8">
8          <meta name="msapplication-tap-highlight" content="no">
9          <meta name="viewport" content="user-scalable=no, initial-scale=1, maximum-scale=1,
             minimum-scale=1, width=device-width">
10         <link rel="stylesheet" type="text/css" href="css/jquery.mobile-1.4.5.css">
11         <script type="text/javascript" src="js/jquery-2.1.1.min.js"></script>
12         <script type="text/javascript" src="js/jquery.mobile-1.4.5.js"></script>
13         <script type="text/javascript" src="js/index.js"></script>
14         <script type="text/javascript" src="cordova.js"></script>
15         <title>程序设备状态事件</title>
16     </head>
17     <body>
18         <!--cordova的页面后面将详细讲解，本节只是稍微用一下-->
19         <div data-role="page" data-theme="a">
20             <!--页面头部-->
21             <div data-role="header" data-position="fixed">
22                 <h4>设备状态事件</h4></div>
23             <!--页面内容-->
```

细说 HTML5 高级 API

```
24            <div role="main" class="ui-content">
25                <ul data-role="listview">
26                    <li>设备状态的事件的触发</li>
27                    <li>电池电量低状态的事件</li>
28                    <li>电池电量改变的事件</li>
29                    <li></li>
30                </ul>
31            </div>
32            <!--页面页脚-->
33            <div data-role="footer" data-position="fixed">
34                <div data-role="navbar" data-position="fixed" >
35                    <ul>
36                        <li><a  href="#" class="ui-btn-active">电池状态事件</a></li>
37                    </ul>
38                </div>
39            </div>
40        </div>
41    </body>
42 </html>
```

如上所示,设备的主动消息事件相对于用户主动事件会显得难以调试,例如设备的电池事件中的 batterylow 事件。这个事件只有当电池剩余电量的百分比低于系统设定的值时才可以调试,例如国产手机的一般提醒值为 20%,即只有手机电量在 20%时才可以调试,并且在虚拟机上无法调试。事实上,安卓用户和 iOS 用户的设备系统都有相关的提示,开发者应尽量避免使用与系统功能相冲突的 Plugins。接着,我们来看看 JavaScript 的代码清单,index.js 代码如下:

```
1
2 /*
3 * 监听deviceready事件,当设备加载完毕之后,onDeviceready事件就会被触发
4 */
5 document.addEventListener('deviceready',onDeviceReady,false);
6 /*
7 * 设备加载完毕后就会执行下面的函数
8 */
9 function onDeviceReady(){
10 /*
11 * 提示设备加载完毕
12 */
13     alert('设备加载准备完毕!');
14 /*
15 * 当设备完成初始化之后,就可以去监听其他事件了
16 * 1.监听电池的电量过低事件
17   2.监听电池的需要充电事件
18 * 3 监听电池电量的百分比改变事件
19 */
20     window.addEventListener('batterylow',onBatteryLow,false);
21     window.addEventListener('batterycritical',onBatteryCritical,false);
22     window.addEventListener("batterystatus", onBatteryStatus, false);
23 }
24 /*
25 * 当电池电量过低事件被触发时,会调用相应的处理函数,
26 * 下面的两个handler函数就是分别对应监听的两个事件的
27 */
28
29 /*当电池电量百分比达到低充电阈值时触发    */
30 function onBatteryLow(status) {
31     alert("电池电量过低 " + status.level + "%");
32 }
```

```
33 /*
34 当电池电量百分比达到临界充电阈值时触发
35 */
36 function onBatteryCritical(status) {
37     alert("电池电量危急 " + status.level + "%\n马上充电!");
38 }
39 /*至少1%的电池充电百分比变化*/
40 function onBatteryStatus(status) {
41     alert("电量百分比: " + status.level + "%,是否接通电源？" + status.isPlugged);
42 }
43
```

编译安装运行效果图（插上电源之后）如图 11-7 所示，读者首先停止对手机的充电操作，在正常运行此应用时可以给手机充电，当电源接通时就会触发之前部署的事件处理函数，弹出相应的 Alert 弹窗。

图 11-7　DeviceStatus 应用的真机效果图

11.2.3　Cordova 生命周期中的用户主动触发事件

之前笔者介绍的几个用户主动事件都是比较好调试的，因此，我们将直接通过一个例子来介绍每个事件是如何使用的。

（1）创建项目。

```
$ cordova create UserTapEvent com.usertapevent.www UserTapEvent
$ cd UserTapEvent
```

（2）添加平台。

```
$ cordova platform add android
```

（3）HTML 代码清单。

index.html 代码如下：

细说 HTML5 高级 API

```html
1  <!DOCTYPE html>
2  <html>
3
4  <head>
5      <meta http-equiv="Content-Security-Policy" content="default-src 'self' data: gap:
         https://ssl.qstatic.com 'unsafe-eval'; style-src 'self' 'unsafe-inline'; media-src *">
6      <meta name="format-detection" content="telephone=no">
7      <meta charset="utf-8">
8      <meta name="msapplication-tap-highlight" content="no">
9      <meta name="viewport" content="user-scalable=no, initial-scale=1, maximum-scale=1,
         minimum-scale=1, width=device-width">
10     <link rel="stylesheet" type="text/css" href="css/jquery.mobile-1.4.5.css">
11     <script type="text/javascript" src="js/jquery-2.1.1.min.js"></script>
12     <script type="text/javascript" src="js/jquery.mobile-1.4.5.js"></script>
13     <script type="text/javascript" src="js/index.js"></script>
14     <script type="text/javascript" src="cordova.js"></script>
15     <title>用户主动触发的事件</title>
16 </head>
17
18 <body>
19     <!--cordova的页面后面将详细讲解，本节只是稍微用一下-->
20     <div data-role="page" data-theme="a">
21         <!--页面头部-->
22         <div data-role="header" data-position="fixed">
23             <h4>用户主动触发的事件</h4></div>
24         <!--页面内容-->
25         <div role="main" class="ui-content">
26             <ul data-role="listview">
27                 <li>返回按钮事件</li>
28                 <li>菜单按钮事件</li>
29                 <li>搜索按钮事件</li>
30                 <li>通话开始事件</li>
31                 <li>通话结束事件</li>
32                 <li>音量"减"事件</li>
33                 <li>音量"加"事件</li>
34                 <li></li>
35             </ul>
36         </div>
37         <!--页面页脚-->
38         <div data-role="footer" data-position="fixed">
39             <div data-role="navbar" data-position="fixed">
40                 <ul>
41                     <li>
42                         <a href="#" class="ui-btn-active">
43                             用户主动触发的事件
44                         </a>
45                     </li>
46                 </ul>
47             </div>
48         </div>
49     </div>
50 </body>
51 </html>
```

注意：

添加的 JavaScript 和 CSS 文件路径与上一节的路径一样，文件路径不要写错，一旦引用的文件位置写错，CSS 样式就无法加载，将造成页面的混乱或乱码。

198

（4）下面笔者将展示如何在 index.js 文件中部署相应的监听处理函数，index.js 的代码如下：

```javascript
/*
* 监听deviceready事件，当设备加载完毕之后，onDeviceready事件就会被触发
* */
document.addEventListener('deviceready',onDeviceReady,false);
/*
* 设备加载完毕后就会执行下面的函数
* */
function onDeviceReady(){
/*
* 提示设备加载完毕
* */
    alert('设备加载准备完毕！');

document.addEventListener("backbutton", onBackKeyDown, false);
document.addEventListener("menubutton", onMenuKeyDown, false);
document.addEventListener("searchbutton", onSearchKeyDown, false);
document.addEventListener("startcallbutton", onStartCallKeyDown, false);
document.addEventListener("endcallbutton", onEndCallKeyDown, false);
document.addEventListener("volumedownbutton", onVolumeDownKeyDown, false);
document.addEventListener("volumeupbutton", onVolumeUpKeyDown, false);

}
/*
当用户按下返回键时触发onBackKeyDown()函数
*/
function onBackKeyDown() {
    // Handle the back button
    alert("您按下了返回键");
}
/*
当用户按下菜单键时触发onMenuKeyDown()函数
*/
function onMenuKeyDown() {
    // Handle the back button
    alert("您按下了菜单键");

}
/*
当用户按下搜索键时触发onSearchKeyDown()函数
*/
function onSearchKeyDown() {
    // Handle the search button
    alert("您按下了搜索键");
}
/*
当用户按下开始通话按钮时触发onStartCallKeyDown()函数
*/
function onStartCallKeyDown() {
    // Handle the start call button
    alert("您按下了开始通话按钮");
}
/*
当用户按下结束通话按钮时触发onEndCallKeyDown()函数
*/
function onEndCallKeyDown() {
    // Handle the end call button
    alert("您按下了结束通话按钮");
}
```

```
60 /*
61 当用户按下音量减按钮时触发onVolumeDownKeyDown()函数
62 */
63 function onVolumeDownKeyDown() {
64     // Handle the volume down button
65     alert("您按下了音量减按钮");
66
67 }
68 /*
69 当用户按下音量加按钮时触发onVolumeUpKeyDown()函数
70 */
71 function onVolumeUpKeyDown() {
72     // Handle the volume up button
73     alert("您按下了音量加按钮");
74
75 }
```

提示：

这里面的按键必须是实体的或者是专门定制的虚拟按钮才可以，但是在目前测试的几个安卓手机中，菜单键都不起作用。并且，现在的主流安卓手机几乎也没有了搜索按钮，在之前的章节我们讲过，开始通话和结束通话的按钮只有在黑莓平台上才能使用。

还有的按钮，例如音量加和音量减按钮，虽然在笔者的测试机中可以使用，但仍然存在和系统功能冲突的情况。在这种情况下，这两个监听事件仿佛是无效的。然而我们并不能因此忽略其真实的存在。

在真实的开发应用流程中，开发者需要按照功能划分有效使用这些事件，理性对待。

（5）效果图如图 11-8 和图 11-9 所示。

图 11-8　点击返回键的回调效果

图 11-9　点击音量加按钮的回调效果

11.3 本章总结

本章我们知道了 Cordova 应用的事件监听和处理方面的功能，这些事件丰富了 Cordova 应用的开发，但是我们不能只将目光聚集于此。本章的重点就是通过事件及依赖事件知道我们可以做什么，其实，事件的拓展就是真实的 Cordova 应用的开发流程，掌握理解它有助于我们深刻理解 Cordova。

本章习题及其答案

本章资源包

练习题

一、选择题

1. 在安卓系统中，Activity 从开始到结束的过程被称为（　　）。
   A．完整生命周期　　B．前台生命周期　C．可视生命周期　D．后台生命周期
2. 创建 Activity 对象的方法是（　　）。
   A．onPause()　　　　B．onStart()　　　　C．onStop()　　　　D．onDestroy()
3. 重新打开新的 Activity 的方法是（　　）。
   A．onPause()　　　　B．onStart()　　　　C．onRestart()　　　D．onDestroy()
4. 程序结束前调用的最后方法是（　　）。
   A．onDestroy()　　　B．onStart()　　　　C．onRestart()　　　D．onPause()
5. 用户可见的程序生命周期被称为（　　）。
   A．完整生命周期　　B．前台生命周期　C．可视生命周期　D．后台生命周期
6. 前台生命周期指的是 Activity 从（　　）。
   A．暂停到恢复　　　B．暂停到结束　　C．后台到结束　　D．后台到恢复
7. searchbutton 只能在以下哪个平台使用（　　）。
   A．安卓　　　　　　B．苹果　　　　　　C．黑莓　　　　　　D．Windows
8. startcallbutton 只能在哪个平台使用（　　）。
   A．安卓　　　　　　B．苹果　　　　　　C．黑莓　　　　　　D．Windows

9. 设备状态事件表示的是（　）的事件。
A．不能被用户的意志所控制　　　　B．设备
C．用户　　　　　　　　　　　　　D．用户控制

10. 下列哪个事件不是程序加载状态事件（　）。
A．deviceready　　B．pause　　C．resume　　D．menubutton

二、简答题

简单归纳 Android 应用程序的生命周期，并使用流程图表示。

第 12 章 Cordova 地理位置信息服务

基于地理位置信息服务的 APP 一直是移动领域非常重要的部分，外出时我们一般都会使用移动端常用的 APP，例如高德地图、美团、淘宝电影等，正是这些应用丰富了我们的生活。本章我们会使用 Cordova 搭建属于自己的基于地理位置的简单应用。

本章二维码

本章二维码里面包括：
1. 本章的学习视频；
2. 本章所有实例演示结果；
3. 本章习题及其答案；
4. 本章资源包（包括本章所有代码）下载；
5. 本章的扩展知识。

12.1 Geolocation API 的使用

社交应用及现在的团购应用和支付应用中都利用了手机地理位置功能，例如支付宝的电影模块，打开支付宝"口碑"界面，再点击"电影"即可，如图 12-1 所示。

图 12-1 在支付宝购买电影票

细说 HTML5 高级 API

12.1.1 获取设备的地理位置信息

Cordova 可以使用 Geolocation API 获取用户使用的设备的地理位置坐标。对于一些不支持的 GPS 设备，它们也可以通过 Wi-Fi、IP、RFID、蓝牙的 Mac 地址，以及手机所使用的基站地址做出判断。

注意：
虽然基于 IP 和手机基站信息等方法可以返回设备的地理位置信息，但仍然不能保证其准确性。在实际开发过程中，我们应该将各个设备定位的误差考虑进去。

12.1.2 获取设备坐标的实例

首先我们需要创建一个项目，创建方式如下（这是在 Windows 的命令行模式下，Mac 同理），创建完成之后，添加安卓的操作平台。

```
Administrator@MR-20160728WNFR
$ cordova create Geolocation com.geolocation.www Geolocation
$ cordova platform add android
```

其次添加相应的插件，通过之前的章节，我们知道如何使用 Cordova 的命令行添加插件，命令如下：

```
Administrator@MR-20160728WNFR
$ cd Geolocation
$ cordova plugin add cordova-plugin-geolocation
```

命令返回结果如下：

```
Fetching plugin "cordova-plugin-geolocation" via npm
Installing "cordova-plugin-geolocation" for android
Fetching plugin "cordova-plugin-compat" via npm
Installing "cordova-plugin-compat" for android
```

在 Geolocation API 中，第一个需要认识的就是 getCurrentPosition()，这个方法的作用就是通过返回的 Position 对象来返回设备的位置信息。下面是相关代码。

HTML 代码片段如下：

```
1  <!DOCTYPE html>
2
3  <html>
4      <head>
5
6          <meta http-equiv="Content-Security-Policy" content="default-src 'self' data: gap:
             https://ssl.gstatic.com 'unsafe-eval'; style-src 'self' 'unsafe-inline'; media-src
             *">
```

```html
        <meta name="format-detection" content="telephone=no">
        <meta charset="utf-8">
        <meta name="msapplication-tap-highlight" content="no">
        <meta name="viewport" content="user-scalable=no, initial-scale=1, maximum-scale=1,
        minimum-scale=1, width=device-width">
        <link rel="stylesheet" type="text/css" href="css/jquery.mobile-1.4.5.css">
        <script type="text/javascript" src="js/jquery-2.1.1.min.js"></script>
        <script type="text/javascript" src="js/jquery.mobile-1.4.5.js"></script>
        <script type="text/javascript" src="js/index.js"></script>
        <script type="text/javascript" src="cordova.js"></script>
        <title>地理位置信息服务</title>
    </head>
    <body>

        <div data-role="page" data-theme="a">
            <div data-role="header" data-position="fixed">
                <h4>获取设备的位置信息</h4></div>
            <div role="main" class="ui-content">
                <ul data-role="listview" data-inset="true" data-divider-theme="a">
                    <li data-role="list-divider">获取当前位置信息</li>
                    <li><a href="#" id="Longitude">经度: </a></li>
                    <li><a href="#" id="Latitude">纬度: </a></li>
                </ul>
            </div>
            <div data-role="footer" data-position="fixed">
                <div data-role="navbar" data-position="fixed">
                    <ul>
                        <li>
                            <a  href="#" class="ui-btn-default" id="geolocation"
                                data-textonly="true" data-textvisible="true"
                                data-msgtext="正在加载中...">点我开始定位
                            </a>
                        </li>
                    </ul>
                </div>
            </div>
        </div>
    </body>
</html>
```

JavaScript 代码如下：

```js
document.addEventListener("deviceready", onDeviceReady, false);

//Cordova加载完毕后触发
function onDeviceReady() {
    // alert('设备准备完毕');
    $(function(){
        $('#geolocation').click(function(){
            getCurrentPosition();
        })
    });
    $( document ).on( "click", "#geolocation", function() {
        var $this = $( this ),
            theme = $this.jqmData( "theme" ) || $.mobile.loader.prototype.options.theme,
            msgText = $this.jqmData( "msgtext" ) || $.mobile.loader.prototype.options.text,
            textVisible = $this.jqmData( "textvisible" ) || $.mobile.loader.prototype.options
                .textVisible,
            textonly = !!$this.jqmData( "textonly" );
            html = $this.jqmData( "html" ) || "";
        $.mobile.loading( "show", {
            text: msgText,
            textVisible: textVisible,
```

```
21              theme: theme,
22              textonly: textonly,
23              html: html
24          });
25      })
26 }
27
28 function getCurrentPosition() {
29     // alert('正在进行定位');
30     //开始获取定位数据
31     navigator.geolocation.getCurrentPosition(onSuccess, onError);
32 }
33 var onSuccess = function (position) {
34     $.mobile.loading( "hide" );
35
36     document.getElementById("Longitude").innerHTML = "经度: " +position.coords.longitude;
37     document.getElementById("Latitude").innerHTML = "纬度: " + position.coords.latitude;
38
39 };
40 //定位数据获取失败响应
41 function onError(error) {
42     alert('code: '    + error.code    + '\n' +
43           'message: ' + error.message + '\n');
44     $.mobile.loading( "hide" );
45 }
```

效果图如图 12-2 和图 12-3 所示。

图 12-2　正在获取定位信息　　　　图 12-3　获取地理位置信息完毕

本例所使用的函数是 getCurrentPosition()，用来获取设备的当前位置信息，代码片段所示，获取成功和获取失败的两个处理函数 onSuccess 和 onError 方法被当作 getCurrentLocation 函数的两个参数。

值得注意的是，初次运行应用时，手机会提示是否获取当前用户的位置信息，一般的打车软件和外卖软件都有这一请求。我们可以发现，在处理成功的回调信息时，默认的，getCurrentLocation 方法会传递一个 position 对象，其值包含与地理位置相关的信息和这些信息被创建的时间。地理位置的相关信息被包含在 coords 对象中，时间戳被包含在 timestamp 对象中。

我想读者对于这些字段并不陌生。在之前 Web 端的地图 API 中，我们认识了哪些字段被经常用来表示设备的位置。表 12-1 是一张关于 coords 对象中包含的属性和其详细的解释信息的表格。

表 12-1　coords 对象中的属性值和详细信息

属性名称	解释信息	数值类型
latitude	十进制，精确到小数点后六位，表示纬度	Number
longitude	十进制，精确到小数点后六位，表示经度	Number
altitude	海拔高度（单位：m）	Number
accuracy	经纬度的精确度	Number
altitudeAccuracy	海拔高度的精确度	Number
heading	当前设备的状态，确定以正北方零点显示运动方向和正北方向的角度	Number
speed	显示设备的运动速度（单位：m/s）	Number

12.2　监听设备信息变化

12.2.1　监听设备地理位置实例

正如在讲解加速传感器时所介绍的，监听函数是读取设备信息更好的方式，因此我们依然使用这个比较实用的功能。下面笔者通过改变之前的方法，直接监听设备的位置信息。

HTML 代码片段如下：

```
1  <!DOCTYPE html>
2
3  <html>
4  <head>
5
6      <meta http-equiv="Content-Security-Policy"
7          content="default-src 'self' data: gap: https://ssl.gstatic.com 'unsafe-eval';
                style-src 'self' 'unsafe-inline'; media-src *">
8      <meta name="format-detection" content="telephone=no">
9      <meta charset="utf-8">
10     <meta name="msapplication-tap-highlight" content="no">
11     <meta name="viewport"
12         content="user-scalable=no, initial-scale=1, maximum-scale=1, minimum-scale=1,
                width=device-width">
13     <link rel="stylesheet" type="text/css" href="css/jquery.mobile-1.4.5.css">
14     <script type="text/javascript" src="js/jquery-2.1.1.min.js"></script>
15     <script type="text/javascript" src="js/jquery.mobile-1.4.5.js"></script>
16     <script type="text/javascript" src="js/index.js"></script>
17     <script type="text/javascript" src="cordova.js"></script>
18     <title>监听地理位置信息</title>
19  </head>
20  <body>
```

细说 HTML5 高级 API

```
21
22 <div data-role="page" data-theme="a">
23     <div data-role="navbar" data-position="fixed">
24         <ul>
25
26             <li>
27                 <a href="#" class="ui-btn-default" id="start_watching"
28                     data-textonly="true" data-textvisible="true"
29                     data-msgtext="正在加载中...">点我开始监听
30                 </a>
31             </li>
32
33         </ul>
34     </div>
35     <div role="main" class="ui-content">
36         <ul data-role="listview" data-inset="true" data-divider-theme="a">
37
38             <li data-role="list-divider">获取当前位置信息</li>
39
40             <li><a href="#" id="Longitude">经度：</a></li>
41
42             <li><a href="#" id="Latitude">纬度：</a></li>
43         </ul>
44     </div>
45     <div data-role="footer" data-position="fixed">
46         <div data-role="navbar" data-position="fixed">
47
48             <ul>
49
50                 <li>
51                     <a href="#" class="ui-btn-default" id="stop_watching"
52                         data-textonly="true" data-textvisible="true"
53                         data-msgtext="正在加载中...">点我结束监听
54                     </a>
55                 </li>
56
57             </ul>
58         </div>
59     </div>
60 </div>
61 </body>
62 </html>
```

JavaScript 代码片段如下：

```
1 document.addEventListener("deviceready", onDeviceReady, false);
2
3 //Cordova加载完毕后触发
4 function onDeviceReady() {
5 // alert('设备准备完毕');
6     $(function () {
7         $('#start_watching').click(function () {
8             watchCurrentPositon();            //开始监听当前地理位置信息
9         });
10        $('#stop_watching').click(function () {
11            StopWatchingPosition();           //结束监听当前地理位置信息
12        })
13    });
14    /*点击开始监听按钮触发加载状态*/
15    $(document).on("click", "#start_watching", function () {
16        var $this = $(this),
17            theme = $this.jqmData("theme") || $.mobile.loader.prototype.options.theme,
18            msgText = $this.jqmData("msgtext") || $.mobile.loader.prototype.options.text,
```

```
                textVisible = $this.jqmData("textvisible") || $.mobile.loader.prototype.options.
                textVisible,
                textonly = !!$this.jqmData("textonly");
            html = $this.jqmData("html") || "";
            $.mobile.loading("show", {
                text: msgText,
                textVisible: textVisible,
                theme: theme,
                textonly: textonly,
                html: html
            });
        })
}

/*监听当前位置的 Handler（方法）*/

function watchCurrentPositon() {
    watchID = navigator.geolocation.watchPosition(WatchingSuccess, WatchingError, {timeout:
        30000});
}
/*监听位置成功回调的 Handler（方法）*/
function WatchingSuccess(position) {
    $.mobile.loading("hide");

    document.getElementById("Longitude").innerHTML = "经度: " + position.coords.longitude;
    document.getElementById("Latitude").innerHTML = "纬度: " + position.coords.latitude;

}

/*监听位置失败回调会接受一个PositionError 对象*/
function WatchingError(error) {
    alert('错误码: ' + error.code + '\n' +
        '错误信息: ' + error.message + '\n');
}

/*停止监听的 Handler（方法） */

function StopWatchingPosition() {
    navigator.geolocation.clearWatch(watchID)
}
```

打包并安装到手机，真机效果如图 12-4 所示。

图 12-4　WatchPosition()监听位置信息

细说 HTML5 高级 API

12.2.2 监听地理位置信息变化参数分析

我们通过实例知道，option 这个参数是 geolocationOptions 的可选参数，可以细化获取坐标位置的过程，表 12-2 是相关的说明。

表 12-2　Option 对象中包含的键值

名　　称	说　　明	类　　型
enableHighAccuracy	是否使用高精确度的定位	Boolean
timeout	获取两次设备地理位置信息的最大时间间隔	Number
maximumAge	接收一个缓存完毕的位置，时间不能超过指定的以毫秒为单位的时间段	Number

细心的读者可能已经注意到了，我们不可能一直保持定位状态，只是在需要定位的时候才使用 Geolocation API，不使用的时候需要关闭。因为我们不可能让用户强制关闭应用的进程，显然这是不科学的。

实际上，除了 watchPosition() 方法，还有一个 clearWatch() 方法，这个方法可以让我们在只传递一个参数的情况下，就能够直接终止当前的位置监听。这个参数就是 watchID 中保存的值，因为 watchPosition() 方法开始执行时会返回 ID 值。在这个例子中，我们可以直接使用 clearWatch() 方法和之前保存在变量 watchID 中的值，因此，需要停止，直接执行结束函数即可。

12.3　本章总结

在基于位置信息的游戏和 APP 越来越普遍的时代，我们不仅需要关注技术上的实现，更需要了解与之相关的信息安全问题。本章我们只是简单地阐释如何使用这个 API，更多的问题需要我们勤加思考。例如，未来的汽车和智能家居都会相继加入智能行列，这可能会带来更多关于安全的问题，因此我们需要更宽广的视野来解决位置信息的问题。

本章习题及其答案

本章资源包

练习题

一、选择题

1. 地理位置信息服务需要定位服务,下面哪个服务不能用来定位（　　）。
   A．WiFi B．IP C．RFID D．SMS

2. 获取地理位置信息的函数为（　　）。
   A．getCurrentLocation()　　B．get()
   C．CurrentLocation()　　D．positions()

3. 存放错误信息的对象为（　　）。
   A．PositionError　　B．Position
   C．Positions　　D．Coordnates

4. 监测位置信息的函数为（　　）。
   A．watchPosition()　　B．getPosition()
   C．clearWatch()　　D．Positon()

5. coords 对象的哪个属性表示的是经度（　　）。
   A．latitude　　B．longitude
   C．altitudeAccuracy　　D．Speed

6. 为了获取位置的海拔高度,我们该使用哪个属性（　　）。
   A．altitude　　B．longitude
   C．altitudeAccuracy　　D．Speed

7. Option 对象中的 timeout 表示的是（　　）。
   A．获取两次设备地理位置信息的最大时间间隔
   B．超时
   C．延迟
   D．Speed

8. maximumAge 表示的是（　　）。
   A．接收一个缓存完毕的位置,时间不能超过指定的以毫秒为单位的时间段
   B．最大值
   C．最小值
   D．未知

9. 清除位置监听的方法为（　　）。
   A．watchPosition()　　B．getPosition()
   C．clearWatch()　　D．Position()

10. geolocationOptions 用来（　）。

A．自定义地理位置的检索　　　　B．获取位置

C．获取位置参数　　　　　　　　D．获取地理信息

二、简答题

请使用本章的知识点阐述实现定位和导航信息的重要知识。

第13章

Cordova 设备方向 API

在认识和了解了 Cordova 中的地理位置应用之后,我们需要认识一下指南针的 API——Device Orientation(Compass) APIs,现在手机自带的内置应用中几乎都有指南针。本章我们将阐述使用指南针 API 的一些方法,具体的效果不再赘述。下面笔者将在本章中展开对指南针 API 的讲解。

本章二维码

本章二维码里面包括:
1. 本章的学习视频;
2. 本章所有实例演示结果;
3. 本章习题及其答案;
4. 本章资源包(包括本章所有代码)下载;
5. 本章的扩展知识。

13.1 获取当前设备的方向案例

图 13-1 iOS 系统的指南针界面

图 13-1 所示是 iOS 系统的指南针界面。读者可以发现，在指南针界面当中，有着指向当前方向的指针。当然，我们可以使用 HTML5 的技术来实现这个效果，但是本章的主要内容是让读者学会使用这个 API。下面是一个指南针的简单示例，用来获取当前的方向。

首先在命令行状态下创建项目，项目名称读者可以自定义。

（1）创建项目。

```
Administrator@MR-20160728WNFR E:\opt\Writting\cordovas
$ cordova create Orientation com.orientation.www Orientation
```

（2）进入到创建好的项目根目录，添加需要的 Plugin，代码如下：

```
Administrator@MR-20160728WNFR E:\opt\Writting\cordovas\Orientation
$ cordova plugin add cordova-plugin-device-orientation
```

（3）通过以下命令查看是否成功安装了 Plugin，代码如下：

```
Administrator@MR-20160728WNFR E:\opt\Writting\cordovas\Orientation
$ cordova plugin ls
cordova-plugin-device-orientation 1.0.3 "Device Orientation"
cordova-plugin-whitelist 1.2.2 "Whitelist"
```

如上所示，如果返回指南针 API 的版本信息，说明已经安装成功。下面我们就可以编写代码文件了。

首先，我们来看一下 HTML 的代码实例的详情，如下：

```html
1  <!DOCTYPE html>
2
3  <html>
4      <head>
5
6          <meta http-equiv="Content-Security-Policy" content="default-src 'self' data: gap:
            https://ssl.gstatic.com 'unsafe-eval'; style-src 'self' 'unsafe-inline'; media-src
            *">
7          <meta name="format-detection" content="telephone=no">
8          <meta charset="utf-8">
9          <meta name="msapplication-tap-highlight" content="no">
10         <meta name="viewport" content="user-scalable=no, initial-scale=1, maximum-scale=1,
11         <link rel="stylesheet" type="text/css" href="css/jquery.mobile-1.4.5.css">
12         <script type="text/javascript" src="js/jquery-2.1.1.min.js"></script>
13         <script type="text/javascript" src="js/jquery.mobile-1.4.5.js"></script>
14         <script type="text/javascript" src="js/index.js"></script>
15         <script type="text/javascript" src="cordova.js"></script>
16         <title>Orientation API</title>
17     </head>
18     <body>
19
20         <div data-role="page" data-theme="a">
21             <div data-role="header" data-position="fixed">
22                 <h4>指南针</h4></div>
23             <div role="main" class="ui-content">
24                 <ul data-role="listview">
25                     <li>IT兄弟连</li>
26                     <li>兄弟连IT教育</li>
```

```html
                        <li>软件学院</li>
                        <li>兄弟连</li>
                        <li>IT教育</li>
                </ul>
            </div>
            <div data-role="footer" data-position="fixed">
                <div data-role="navbar" data-position="fixed" >
                        <ul>
                            <li id="get_now_heading"><a  href="#" class="ui-btn-default">
                            点击获取当前的方向</a></li>
                        </ul>
                </div>
            </div>
        </div>
    </body>
</html>
```

JavaScript 代码实例如下:

```javascript
// 设置当设备加载完毕后执行的触发函数onDeviceReady
document.addEventListener("deviceready", onDeviceReady, false);
function onDeviceReady() {
    // 设备加载完毕后执行getCurrentHeading()方法
    $(function(){
        $('#get_now_heading').click(function(){
            navigator.compass.getCurrentHeading(onSuccess, onError);
        })

    });
}
// 当获取设备方向后执行该函数
function onSuccess(heading) {
    // 弹出消息框显示当前设备方向
    alert("当前设备方向与正北方相差" + heading.magneticHeading + "度");
}
// 当获取设备方向失败时执行该函数
function onError(compassError) {
    alert("获取设备方向失败");
}
```

编写完上述代码之后，在命令行模式下，在当前项目的根目录中添加安卓平台，代码片段如下：

```
Administrator@MR-20160728WNFR E:\opt\Writting\cordovas\Orientation
$ cordova platform add android
Error: Platform android already added.
```

接着，编译安卓测试包，在此之前，笔者先来解释一下上面的报错信息，返回结果报错的意思是：安卓平台已经被添加。

这是我们在正常的项目开发时经常看到的提示，这个提示表示用户不再需要重复添加平台，当然我们可以同时添加其他平台，但是在 Windows 平台上直接添加 iOS 会报错，表示无法在这个平台中编译 iOS 项目，如下：

```
Administrator@MR-20160728WNFR E:\opt\Writting\cordovas\Orientation
$ cordova platform add ios
WARNING: Applications for platform ios can not be built on this OS - win32.
```

细说 HTML5 高级 API

但是仍然会添加 iOS 平台的项目到对应平台的文件夹中，虽然无法编译。命令如下：

```
Administrator@MR-20160728WNFR E:\opt\Writting\cordovas\Orientation
$ cordova platform add ios
WARNING: Applications for platform ios can not be built on this OS - win32.
Error: Platform ios already added.
```

之后进行编译安装，安装方式可以是命令行的方式，或者通过 PC 的手机助手进行安装，命令如下：

```
Administrator@MR-20160728WNFR E:\opt\Writting\cordovas\Orientation
$ cordova build android
ANDROID_HOME=D:\androidstudio\sdk
JAVA_HOME=C:\Program Files\Java\jdk1.8.0_05
:preBuild UP-TO-DATE
:preDebugBuild UP-TO-DATE
:checkDebugManifest
:CordovaLib:preBuild UP-TO-DATE
:CordovaLib:preDebugBuild UP-TO-DATE
:CordovaLib:compileDebugNdk UP-TO-DATE
:CordovaLib:compileLint
:CordovaLib:copyDebugLint UP-TO-DATE
:CordovaLib:mergeDebugProguardFiles UP-TO-DATE
:validateDebugSigning
:packageDebug UP-TO-DATE
:zipalignDebug UP-TO-DATE
:assembleDebug UP-TO-DATE
:cdvBuildDebug UP-TO-DATE

BUILD SUCCESSFUL

Total time: 8.691 secs
Built the following apk(s):
        E:/opt/Writting/cordovas/Orientation/platforms/android/build/outputs/apk/android-debug.apk
```

效果图如图 13-2 和图 13-3 所示。

图 13-2　获取指南针方向之前

图 13-3　获取指南针方向之后弹出的信息

注意：

由于虚拟机上并没有真机上的陀螺仪，无法提供获取方向的接口，因此程序会一直提示当前的设备方向和正北方向之间的差距为零，读者在测试的时候需要结合真机的情况进行调试。

13.2 监测当前设备的位置信息

第一步，创建当前项目，命令如下：

```
Administrator@MR-20160728WNFR E:\opt\Writting\cordovas
$ cordova create WatchOrientation com.watchorientation.www WatchOrientation
```

第二步，返回结果显示创建了一个新的 Cordova 项目，我们可以切换到创建的项目，命令如下：

```
Administrator@MR-20160728WNFR E:\opt\Writting\cordovas
$ cd WatchOrientation
```

第三步，切换到当前项目之后，可以使用以下命令添加平台，这里笔者依然添加安卓平台：

```
Administrator@MR-20160728WNFR E:\opt\Writting\cordovas\WatchOrientation
$ cordova platform add  android
Error: Platform android already added.
```

第四步，添加需要的插件，代码如下：

```
Administrator@MR-20160728WNFR E:\opt\Writting\cordovas\WatchOrientation
$ cordova plugin add cordova-plugin-device-orientation
Plugin "cordova-plugin-device-orientation" already installed on android.
```

如上所示，当插件被添加后，就会返回正在安装的信息。当安装完成时，返回空状态的命令行。但是笔者之前已经安装完成了，遇到以上的提示就不需要重新安装组件了。

下面，笔者将按照顺序分别展示 HTML 和 JavaScript 文件的代码。

HTML 代码实例如下：

```
1  <!DOCTYPE html>
2
3  <html>
4      <head>
5
6          <meta http-equiv="Content-Security-Policy" content="default-src 'self' data: gap:
             https://ssl.gstatic.com 'unsafe-eval'; style-src 'self' 'unsafe-inline'; media-src
             *">
```

细说 HTML5 高级 API

```
7         <meta name="format-detection" content="telephone=no">
8         <meta charset="utf-8">
9         <meta name="msapplication-tap-highlight" content="no">
10        <meta name="viewport" content="user-scalable=no, initial-scale=1, maximum-scale=1,
          minimum-scale=1, width=device-width">
11        <link rel="stylesheet" type="text/css" href="css/jquery.mobile-1.4.5.css">
12        <script type="text/javascript" src="js/jquery-2.1.1.min.js"></script>
13        <script type="text/javascript" src="js/jquery.mobile-1.4.5.js"></script>
14        <script type="text/javascript" src="js/index.js"></script>
15        <script type="text/javascript" src="cordova.js"></script>
16        <title>Watch Orientation</title>
17    </head>
18    <body>
19
20        <div data-role="page" data-theme="a">
21            <div data-role="header" data-position="fixed">
22                <div data-role="navbar" data-position="fixed">
23                    <ul>
24                        <li id="stop"><a href="#" class="ui-btn-default">
                          点击结束监听</a></li>
25
26                    </ul>
27                </div>
28
29            </div>
30            <div role="main" class="ui-content">
31                <ul data-role="listview">
32                    <li id="direction">方向: </li>
33                    <li id="timestamp">时间戳:</li>
34                    <li>兄弟连</li>
35                    <li>IT教育</li>
36                    <li>IT教育软件学院</li>
37                </ul>
38            </div>
39            <div data-role="footer" data-position="fixed">
40                <div data-role="navbar" data-position="fixed" >
41                    <ul>
42                        <li id="start"><a href="#" class="ui-btn-default">
                          点击监测设备方向</a></li>
43
44                    </ul>
45                </div>
46            </div>
47        </div>
48    </body>
49 </html>
```

JavaScript 代码如下：

```
1
2  var watchID = null;
3  // 设置当设备加载完毕后执行的触发函数onDeviceReady
4  document.addEventListener("deviceready", onDeviceReady, false);
5  function onDeviceReady() {
6      // 设备加载完毕后执行getCurrentHeading()方法
7      var options = { frequency: 500 };
8      $(function(){
9          $('#stop').click(function(){
10             stop_watch();
11         });
12         $('#start').click(function(){
13             watchID = navigator.compass.watchHeading(onSuccess, onError, options);
```

```
14          })
15      });
16  
17  }
18  // 当获取设备方向后执行该函数
19  function onSuccess(heading) {
20      // 弹出消息框显示当前设备方向
21      document.getElementById("direction").innerHTML = "方向: " +heading.magneticHeading;
22      document.getElementById("timestamp").innerHTML = "时间戳: "+heading.timestamp;
23  }
24  // 当获取设备方向失败时执行该函数
25  function onError(compassError) {
26      alert("获取设备方向失败");
27  }
28  // 调用该函数停止对设备方向的监视
29  function stop_watch() {
30      if(watchID) {
31          navigator.compass.clearWatch(watchID);
32      }
33  }
```

效果图如图 13-4 所示。

图 13-4 监测当前设备位置信息

13.3 仿微信摇一摇功能的实例

微信摇一摇的功能，在近两年的春晚舞台上发挥得淋漓尽致，如摇一摇抢红包、摇一摇发送祝福，当然，还有摇一摇抽奖。下面，我们来实现一个使用加速器的 API，设计一个摇一摇抽奖的简单实例。

先来看看效果演示，如图 13-5 和图 13-6 所示。

图 13-5　摇一摇之前的图形界面　　　　图 13-6　摇一摇之后的图形效果

接着，来看看相关的代码实现。首先是 HTML 代码，代码实例如下：

```html
1  <!DOCTYPE html>
2  <html>
3  <head>
4  <meta http-equiv="Content-Type" content="text/html; charset=UTF-8">
5  <meta charset="UTF-8">
6  <meta name="viewport" content="width=device-width,initial-scale=1.0,maximum-scale=1.0">
7  <title>仿微信摇一摇</title>
8  <link rel="stylesheet" href="./css/shake.css">
9  <link rel="stylesheet" href="./css/myDialog.css">
10 <script type="text/javascript" src="./js/jquery.min.js"></script>
11 <script type="text/javascript" src="./js/howler.min.js"></script>
12 <script type="text/javascript" src="./js/fastclick.js"></script>
13 <script type="text/javascript" src="./js/shake.js"></script>
14 <script type="text/javascript" src="./js/myDialog.js"></script>
15 <script type="text/javascript" src="cordova.js"></script>
16 </head>
17 <body>
18
19 <table id="container">
20 <tbody>
21     <tr>
22         <td class="container" colspan="2">
23             <div id="shake">
24                 <img src="./images/inner.png" class="inner">
25                 <img src="./images/shake.png" class="shake_up" id="shakeup">
26                 <img src="./images/shake.png" class="shake_down" id="shakedown">
27             </div>
```

```html
28              <div id="loading" class="loading"></div>
29          </td>
30      </tr>
31      <tr id="cantshake" style="display:none"><td class="controlbar" colspan="2">
         对不起，您的手机无法支持摇一摇！</td></tr>
32  </tbody>
33  </table>
34  </body>
35  </html>
36
```

再看看 JavaScript 代码，shake.js 的 JavaScript 代码实例如下：

```javascript
1
2  //摇一摇部分
3       var last_time = 0;
4       //对用户的操作计数
5       var all_roll = 0;
6       var u_roll = 0;
7       var sound = new Howl({ urls: ['sound/shake_sound.mp3'] }).load();
8       var findsound = new Howl({ urls: ['sound/shake_match.mp3'] }).load();
9       var curTime;
10      var isShakeble = true;
11      /*
12       * 监听设备初始化完毕
13       */
14      document.addEventListener('deviceready',deviceready,false);
15
16      function deviceready(){
17          //各种初始化
18          $(document).ready(function () {
19              Howler.iOSAutoEnable = false;
20              FastClick.attach(document.body);
21              //初始化设备的监听
22              init();
23          });
24      }
25      //初始化设备摇晃的监听
26      function init() {
27          startWatch();
28      }
29
30
31  //获取加速度信息成功，判断是否为用户摇晃
32  function onSuccess(acceleration) {
33      //处理获取的加速度信息
34      var pow_v = Math.pow(acceleration.x,2)
35          + Math.pow(acceleration.y,2)
36          + Math.pow(acceleration.z,2);
37      var v = Math.sqrt(pow_v);
38      if (v > 15)
39      {
40          //判断摇晃强度，全部记录和有效记录增加，并轻微振动作为反馈
41          all_roll++;
42          u_roll++;
43          navigator.notification.vibrate(300);
44          //判定为用户晃动，则开始显示图片
45          if(u_roll >1 )
46          {
47              //开始晃动
48              shake();
49          }
50      }else
```

```
51      {
52          all_roll++;
53      }
54 }
55 function onError() {
56      //若获取设备信息失败则显示设备不支持摇一摇
57      alert('您的设备不支持摇一摇!');
58 }
59 //监视设备加速度,频率可自行根据需要进行更改
60 function startWatch() {
61      //每0.3秒更新一次加速度信息
62      var options = { frequency: 1000 };
63      watchID = navigator.accelerometer.watchAcceleration(onSuccess, onError, options);
64 }
65
66 function shake() {
67      last_time = cur_Time;
68      $("#loading").attr('class','loading loading-show');
69
70      $("#shakeup").animate({ top: "10%" }, 700, function () {
71          $("#shakeup").animate({ top: "25%" }, 700, function () {
72              $("#loading").attr('class','loading');
73
74              findsound.play();
75              myDialog.alert('您摇了一下');
76          });
77      });
78      $("#shakedown").animate({ top: "40%" }, 700, function () {
79          $("#shakedown").animate({ top: "25%" }, 700, function () {
80          });
81      });
82      sound.play();
83 }
84
85
86 //停止监视设备加速度
87 function stopWatch() {
88      if (watchID) {
89          navigator.accelerometer.clearWatch(watchID);
90          watchID = null;
91      }
92 }
```

13.4 本章总结

本章我们使用 Cordova 的设备方向 API 实现了实时获取位置,也实现了简单的摇一摇功能,但是我们应该能够感觉到,方向 API 的应用场景非常广,在现在的 HTML5 应用场景推广中得到了广泛应用,读者应该适当拓展一下对这方面的认识。

本章习题及其答案

本章资源包

练习题

一、选择题

1. 如何使用 Cordova 的 device-orientation API（　　）。
   A. 通过全局 navigator.compass 对象进行访问
   B. 通过 Object 对象访问
   C. 通过 Date 对象访问
   D. 通过 Math 对象访问

2. 获取当前的罗盘方向。罗盘方向通过（　　）对象使用 compassSuccess 回调函数返回。
   A. CompassHeading　　　　　B. watchHeading
   C. clearWatch　　　　　　　D. Object

3. 以固定间隔获取设备的当前航向，每次检索标题时，都会执行 headingSuccess 回调函数。这个函数是（　　）。
   A. CompassHeading　　　　　B. watchHeading
   C. clearWatch　　　　　　　D. Object

4. 获取设备航向时，CompassHeading 对象返回到（　　）回调函数。
   A. compassSuccess　　　　　B. compassError
   C. compass　　　　　　　　D. Error

5. 以下说法正确的是（　　）。
   A. CompassHeading 对象不能被创建
   B. CompassHeading 只有一个属性
   C. CompassHeading 属性中表示当前航向度数的是 magneticHeading
   D. timestamp 方法表示航向的角度

6. 安卓系统不支持（　　）属性，但报告的值与 magneticHeading 相同。
   A. magneticHeading　　　　　B. headingAccuracy
   C. trueHeading　　　　　　　D. timestamp

7. navigator.geolocation.watchLocation()启用的（　　）服务才会返回 trueHeading 属性。
   A. SMS　　　　　　　　　　B. 定位
   C. 邮箱　　　　　　　　　　D. 电话

8. 在 iOS 中，一次只能有一个（　　）对象生效。
   A. Image　　　　　　　　　　B. Object
   C. watchHeading　　　　　　D. Math

9. 罗盘是检测设备指向的方向或指向的（　　）。
   A. 传感器　　　　　　　　　B. 指针

C. 磁盘 D. 介质

10. 罗盘通常在设备的顶部。它测量从 0 到（ ）度的指向，其中 0 表示北。

A. 359.99 B. 180
C. 90 D. 270

二、简答题

使用本章的知识点写一个比较简单的指南针应用。

第14章

Cordova 中的多媒体

现在，智能移动设备上的多媒体应用越来越广泛，对多媒体文件的处理也就成为 APP 开发中不可或缺的一部分。在各大应用市场的必备精选应用中，QQ 音乐、虾米音乐等成为了生活场景中的精品应用，因此，在使用 Cordova 开发应用时，怎么能够缺少媒体处理这一部分呢。是的，在本章中，我们将使用 Cordova 提供的 Media API 与 Capture API，开发 Cordova 移动音乐应用。

本章二维码里面包括：
1. 本章的学习视频；
2. 本章所有实例演示结果；
3. 本章习题及其答案；
4. 本章资源包（包括本章所有代码）下载；
5. 本章的扩展知识。

本章二维码

14.1 播放远程音乐

笔者将《雨的印记》这首钢琴曲的 MP3 格式的文件放在了服务器上，那么如何使用 Media API 的方法播放呢？下面就是一个简单的实例，通过这个简单的实例，我们可以很容易地实现我们的构想。

如图 14-1 所示，我们只需要点击"播放"按钮，就可以播放服务器上的音乐。接下来，笔者将向读者阐释如何实现这个过程。

图 14-1 播放《雨的印记》的界面

1. 创建项目文件夹，添加平台

（1）创建 DisPlayMusic 项目，命令如下：

```
Administrator@MR-20160728WNFR E:\opt\Writting\cordovas
$ cordova create DisPlayMusic com.displaymusic.www DisPlayMusic
```

（2）切换到这个项目，命令如下：

```
Administrator@MR-20160728WNFR E:\opt\Writting\cordovas
$ cd DisPlayMusic
```

（3）添加安卓平台，命令如下：

```
Administrator@MR-20160728WNFR E:\opt\Writting\cordovas\DisPlayMusic
$ cordova platform add android
Error: Platform android already added.
```

2. 添加 Media Plugin（插件）

添加 Media Plugin 插件，命令如下：

```
Administrator@MR-20160728WNFR E:\opt\Writting\cordovas\DisPlayMusic
$ cordova plugin add cordova-plugin-media
Plugin "cordova-plugin-media" already installed on android.
```

命令行说明如下：

```
Administrator@MR-20160728WNFR    //当前用户和登录的设备
$ cordova plugin add cordova-plugin-media    //添加插件的命令
```

添加完成之后,将服务器上的链接地址复制到本地,然后在 HTML 和 JavaScript 中使用,首先我们来看看 HTML 代码部分。

3. HTML 文件的代码片段

HTML 的代码详情如下:

```html
<!DOCTYPE html>

<html>
<head>

    <meta http-equiv="Content-Security-Policy"
        content="default-src 'self' data: gap: https://ssl.gstatic.com 'unsafe-eval';
        style-src 'self' 'unsafe-inline'; media-src *">
    <meta name="format-detection" content="telephone=no">
    <meta charset="utf-8">
    <meta name="msapplication-tap-highlight" content="no">
    <meta name="viewport"
        content="user-scalable=no, initial-scale=1, maximum-scale=1, minimum-scale=1,
        width=device-width">
    <link rel="stylesheet" type="text/css" href="css/jquery.mobile-1.4.5.css">
    <link rel="stylesheet" type="text/css" href="css/index.css">

    <script type="text/javascript" src="js/jquery-2.1.1.min.js"></script>
    <script type="text/javascript" src="js/jquery.mobile-1.4.5.js"></script>
    <script type="text/javascript" src="js/index.js"></script>
    <script type="text/javascript" src="cordova.js"></script>
    <title>播放音乐的例子</title>
</head>
<body>

<div data-role="page" data-theme="a" id="one">
    <div data-role="header" data-position="fixed">
        <h4>播放音乐</h4></div>
    <div role="main" class="ui-content">
        <button class="ui-btn ui-shadow ui-corner-all ui-btn-icon-left ui-icon-display" id="play">播放:钢琴曲《KisstheRain》
        </button>
        <button class="ui-btn ui-shadow ui-corner-all ui-btn-icon-left ui-icon-pause" id="pause">暂停:钢琴曲《KisstheRain》
        </button>
        <button class="ui-btn ui-shadow ui-corner-all ui-btn-icon-left ui-icon-stop" id="stop">结束:钢琴曲《KisstheRain》
        </button>
        <button class="ui-btn ui-shadow ui-corner-all ui-btn-icon-left ui-icon-stop"><a href="#two">打开第二页</a></button>
    </div>
    <div data-role="footer" data-position="fixed">
        <div data-role="navbar" data-position="fixed">

            <ul>

                <li><a href="#" class="ui-btn-active">音乐播放器</a></li>

            </ul>
        </div>
    </div>
```

```
46 </div>
47 <!-- 第二页开始 -->
48 <div data-role="page" id="two" data-theme="a">
49
50     <div data-role="header">
51         <h4>播放音乐2</h4>
52     </div>
53     <div role="main" class="ui-content">
54         <!-- /内容部分 -->
55         <button class="ui-btn ui-shadow ui-corner-all ui-btn-icon-left ui-icon-display" id="play2">播放:钢琴曲《KisstheRain》
56         </button>
57         <div id="loadbar">
58             <span id="bar" style="width: 10%;">10%</span>
59         </div>
60         <button class="ui-btn ui-shadow ui-corner-all ui-btn-icon-left ui-icon-stop" id="stop2">结束:钢琴曲《KisstheRain》
61         </button>
62         <button class="ui-btn ui-shadow ui-corner-all ui-btn-icon-left " id="seekTo">
            播放指定位置:钢琴曲《KisstheRain》
63         </button>
64         <button class="ui-btn ui-shadow ui-corner-all "><a href="#one">打开第一页
        </a></button>
65
66     </div><!-- /内容 -->
67
68     <div data-role="footer" data-position="fixed">
69         <div data-role="navbar" data-position="fixed">
70
71             <ul>
72
73                 <li><a href="#" class="ui-btn-active">音乐播放器2</a></li>
74
75             </ul>
76         </div>
77     </div>
78 </div>
79 <!-- /第二页结束 -->
80 </body>
81 </html>
```

4. JavaScript 文件的代码片段

JavaScript 的代码实例如下：

```
1
2  // 监听加载cordova是否完成
3  document.addEventListener("deviceready", onDeviceReady, false);
4  function onDeviceReady() {
5      /*
6       * 第一页的函数
7       * */
8      //播放按钮触发的函数
9      $('#play').click(function () {
10         playAudio();
11     });
12     //暂停按钮触发的函数
13     $('#pause').click(function () {
14         pauseAudio();
15     });
16     //停止按钮触发的函数
17     $('#stop').click(function () {
18         stopAudio();
```

```javascript
19      });
20      /*
21       * 第二页的函数
22       */
23      //播放按钮触发的函数
24      $('#play2').click(function () {
25          playAudio2();
26      });
27      //停止按钮触发的函数
28      $('#stop2').click(function () {
29          stopAudio();
30      });
31      //指定位置触发的函数
32      $('#seekTo').click(function () {
33          playAudio3();
34      })
35  }
36  // 声明一个音频播放器
37  var my_media = null;
38
39  function playAudio() {
40  // 从目标文件创建Media对象
41      var src = "https://o9ffeqkln.qnssl.com/KisstheRain.mp3";
42      my_media = new Media(src, onSuccess, onError);
43  // 播放音频
44      my_media.play();
45  }
46  // 暂停音频
47  function pauseAudio() {
48  //判断Media对象是否被创建，如果创建了，那么可以调用这个对象的pause()方法
49      if (my_media) {
50          my_media.pause();
51      }
52  }
53  // 停止音频
54  function stopAudio() {
55      if (my_media) {
56          my_media.stop();
57      }
58      if (mediaTimer) {
59          clearInterval(mediaTimer);
60      }
61  }
62  // 创建Media对象成功后调用的回调函数
63  function onSuccess() {
64      alert("播放音乐成功");
65  }
66  // 创建Media对象出错后调用的回调函数
67  function onError(error) {
68      alert('code: ' + error.code + '\n' +
69          'message: ' + error.message + '\n');
70  }
71
72  function playAudio2() {
73  // 从目标文件创建Media对象
74      var src = "https://o9ffeqkln.qnssl.com/KisstheRain.mp3";
75      my_media = new Media(src, onSuccess, onError);
76  // 播放音频
77      my_media.play();
78
79  // 每秒更新Media的时间点
80      window.mediaTimer = setInterval(function () {
81  // 获取Media的时间点
82          var durations = my_media.getDuration();
83          my_media.getCurrentPosition(
84  // 成功后的回调函数
85              function (position) {
86                  if (position > -1) {
```

```
87                    var percentage = parseInt(position / durations * 100);
88                    startbar(percentage);
89                }
90            },
91 // 错误的回调函数
92            function (e) {
93                console.log("Error getting pos=" + e);
94            }
95        );
96    }, 1000);
97 }
98 function playAudio3() {
99 // 从目标文件创建Media对象
100    var src = "https://o9ffeqkln.qnssl.com/KisstheRain.mp3";
101    my_media = new Media(src, onSuccess, onError);
102 // 播放音频
103    my_media.play();
104
105 // 每秒更新Media的时间点
106    window.mediaTimer = setInterval(function () {
107 // 获取Media的时间点
108        var durations = my_media.getDuration();
109        my_media.getCurrentPosition(
110 // 成功后的回调函数
111            function (position) {
112                if (position > -1) {
113                    var percentage = parseInt(position / durations * 100);
114                    startbar(percentage);
115                }
116            },
117 // 错误的回调函数
118            function (e) {
119                console.log("Error getting pos=" + e);
120            }
121        );
122    }, 1000);
123 //等待1秒，直接跳到10秒的时间点进行播放，当然，会有短暂的停顿
124    setTimeout(function(){
125        var milliseconds = 10000;
126        my_media.seekTo(milliseconds);
127    },1000);
128 }
129 //显示进度条的进度
130 function startbar(percentage) {
131    var showbar = setTimeout(function () {
132        if (percentage >= 100) {
133            clearTimeout(showbar);
134        }
135        document.getElementById("bar").style.width = percentage + "%";
136        document.getElementById("bar").innerHTML = percentage + "%";
137    }, 1000);
138 }
139
140
```

注意：

经过测试，点击屏幕上的"播放"按钮，在有网络的情况下，读者会听到有音乐从手机扬声器中传出来。当这首音乐播放结束之后，onSuccess()函数将会被调用，同时会提示音乐播放成功，如图14-2和图14-3所示。

图14-2 点击播放钢琴曲

图14-3 钢琴曲播放完成的提示

14.2 暂停音乐播放

在音乐播放的过程中，点击"暂停"按钮，音乐将会被暂停播放，这实际上使用的是 Media API 中的 pause()方法。

注意：

在使用这个方法的时候，必须先判断 Media 对象是否被创建，如果没有被创建，那么直接调用暂停方法就会报错。

下面我们来看一下效果，如图14-4和图14-5所示。

图14-4 播放音乐中

图14-5 播放完成之后暂停的报错

下面是 HTML 文件和 JavaScript 文件的内容，我们分别来详细阐述这两个文件的内容。

HTML 文件片段如下：

```
23 <!-- 第一页开始 -->
24 <div data-role="page" data-theme="a" id="one">
25     <div data-role="header" data-position="fixed">
26         <h4>播放音乐</h4></div>
27     <div role="main" class="ui-content">
28         <button class="ui-btn ui-shadow ui-corner-all ui-btn-icon-left ui-icon-display" id="play">播放:钢琴曲《KisstheRain》
29         </button>
30         <button class="ui-btn ui-shadow ui-corner-all ui-btn-icon-left ui-icon-pause" id="pause">暂停:钢琴曲《KisstheRain》
31         </button>
32         <button class="ui-btn ui-shadow ui-corner-all ui-btn-icon-left ui-icon-stop" id="stop">结束:钢琴曲《KisstheRain》
33         </button>
34         <button class="ui-btn ui-shadow ui-corner-all ui-btn-icon-left ui-icon-stop"><a href="#two">打开第二页</a></button>
35     </div>
36     <div data-role="footer" data-position="fixed">
37         <div data-role="navbar" data-position="fixed">
38
39             <ul>
40
41                 <li><a href="#" class="ui-btn-active">音乐播放器</a></li>
42
43             </ul>
44         </div>
45     </div>
46 </div>
```

JavaScript 文件片段如下：

（1）JavaScript 的按钮所触发的函数的代码片段如下：

```
 5  /*
 6   * 第一页的函数
 7   * */
 8  //播放按钮触发的函数
 9  $('#play').click(function () {
10      playAudio();
11  });
12  //暂停按钮触发的函数
13  $('#pause').click(function () {
14      pauseAudio();
```

（2）手机的两个按钮触发的函数的代码片段如下：

```
36 // 声明一个音频播放器
37 var my_media = null;
38
39 function playAudio() {
40 // 从目标文件创建Media对象
41     var src = "https://o9ffeqkln.qnssl.com/KisstheRain.mp3";
42     my_media = new Media(src, onSuccess, onError);
43 // 播放音频
44     my_media.play();
45 }
46 // 暂停音频
47 function pauseAudio() {
48 //判断Media对象是否被创建，如果创建了，那么可以调用这个对象的pause()方法
```

```
49   if (my_media) {
50       my_media.pause();
51   }
52 }
```

用户需要在确认音频对象存在的情况下才能暂停当前音乐的播放。但是在音频对象不存在的情况下，我们并不需要进行处理，错误会通过 Alert 弹窗显示出来，如图 14-5 所示。

当正常暂停播放的时候，设备就会暂停播放音乐。接下来，我们看一下停止音乐播放的功能。

14.3 停止音乐播放

stop()方法是和 pause()方法非常类似的方法，Media 对象用它来直接结束正在播放的音乐，我们常用的音乐播放器中都有这个功能，可以想象，一个没有停止功能的播放器，怎能让消费者随心所欲地听歌？

直接结束正在播放的音乐的效果图如图 14-6 所示。

图 14-6 停止播放音乐的效果

播放结束之后，直接弹出了播放音乐成功，说明播放音乐已经完成或结束，onSuccess()函数只有在播放结束之后才能正常调用，当一直在播放的时候，我们并不能看到回调的信息。

这个功能的 HTML 代码和之前的相同，我们只需要知道每个按钮所绑定的响应事件和处理函数即可，代码片段如下：

```
23 <!-- 第一页开始 -->
24 <div data-role="page" data-theme="a" id="one">
25     <div data-role="header" data-position="fixed">
26         <h4>播放音乐</h4></div>
27     <div role="main" class="ui-content">
28         <button class="ui-btn ui-shadow ui-corner-all ui-btn-icon-left ui-icon-display" id=
            "play">播放:钢琴曲《KisstheRain》
29         </button>
30         <button class="ui-btn ui-shadow ui-corner-all ui-btn-icon-left ui-icon-pause" id=
            "pause">暂停:钢琴曲《KisstheRain》
31         </button>
32         <button class="ui-btn ui-shadow ui-corner-all ui-btn-icon-left ui-icon-stop" id=
            "stop">结束:钢琴曲《KisstheRain》
33         </button>
34         <button class="ui-btn ui-shadow ui-corner-all ui-btn-icon-left ui-icon-stop"><a
            href="#two">打开第二页</a></button>
35     </div>
36     <div data-role="footer" data-position="fixed">
37         <div data-role="navbar" data-position="fixed">
38
39             <ul>
40
41                 <li><a href="#" class="ui-btn-active">音乐播放器</a></li>
42
43             </ul>
44         </div>
45     </div>
46 </div>
```

笔者给 ID 为 stop 的按钮添加了一个点击事件，处理函数为 stopAudio()，代码片段如下：

```
 8                                      //播放按钮触发的函数
 9  $('#play').click(function () {
10      playAudio();
11  });
12                                      //暂停按钮触发的函数
13  $('#pause').click(function () {
14      pauseAudio();
15  });
16                                      //停止按钮触发的函数
17  $('#stop').click(function () {
18      stopAudio();
19  });
53 // 停止音频
54 function stopAudio() {
55     if (my_media) {
56         my_media.stop();
57     }
58     if (mediaTimer) {
59         clearInterval(mediaTimer);
60     }
61 }
```

我们在这段代码中看到了陌生的媒体对象——mediaTimer，我们该如何追踪并显示播放的进度呢？接下来就让笔者演示如何实现这个功能吧。

14.4 追踪显示播放进度

现在移动设备的音乐 APP 的播放界面都有当前播放的进度、总时长和歌词，接下来，我们将简单地实现获取音频文件的总时长和播放进度。Cordova 的 Media API 提供了 getDuration()方法，这个方法获取的是当前正在播放的音频文件的总时长。当然，我们可以使用 getCurrentLocation()方法来获取播放时间点，下面我们来实现这一过程。程序运行效果图如图 14-7 所示。

当用户播放钢琴曲的时候，进度条会自动显示播放进度。结束播放钢琴曲时，进度条就会停止。下面让我们来看看具体内容。

图 14-7　追踪显示音乐的播放进度

HTML 的代码片段如下：

```
47  <!-- 第二页开始 -->
48  <div data-role="page" id="two" data-theme="a">
49
50      <div data-role="header">
51          <h4>播放音乐2</h4>
52      </div>
53      <div role="main" class="ui-content">
54          <!-- 内容部分 -->
55          <button class="ui-btn ui-shadow ui-corner-all ui-btn-icon-left ui-icon-display" id=
              "play2">播放:钢琴曲《KisstheRain》
56          </button>
57          <div id="loadbar">
```

```
58                <span id="bar" style="width: 10%;">10%</span>
59            </div>
60            <button class="ui-btn ui-shadow ui-corner-all ui-btn-icon-left ui-icon-stop" id=
              "stop2">结束:钢琴曲《KisstheRain》
61            </button>
62            <button class="ui-btn ui-shadow ui-corner-all ui-btn-icon-left " id="seekTo">
              播放指定位置:钢琴曲《KisstheRain》
63            </button>
64            <button class="ui-btn ui-shadow ui-corner-all "><a href="#one">打开第一页
              </a></button>
65
66        </div><!-- /内容 -->
67
68        <div data-role="footer" data-position="fixed">
69            <div data-role="navbar" data-position="fixed">
70
71                <ul>
72
73                    <li><a href="#" class="ui-btn-active">音乐播放器2</a></li>
74
75                </ul>
76            </div>
77        </div>
78    </div>
79    <!-- /第二页结束 -->
```

HTML 代码的内容很少，因为我们使用 jQuery Mobile 的 UI，其中的进度条并不是很好用，所以进度条是自定义的。另外，实现动态显示进度的思路很重要，用户在点击播放音乐的时候，可以通过 getDuration()方法获取当前播放的文件的总时长，并且可以通过 getCurrentPosition()方法获取实时播放进度，这个过程很重要。

注意:

这两个方法返回的值的单位都是秒（s），例如，这段音频的总时长为 180s，换算成分钟就是 3 分钟。为了更好地实现更真实的播放进度，笔者使用了定时器函数：setInterval()方法和 setTimeout()方法。这样在使用 getCurrentPosition()方法的时候，我们就能拿到返回的 position 对象，之后可以将对象中的值拿出来进行处理。笔者的处理方式就是用当前的播放位置节点的时间除以整个文件的总时长，然后乘以 100，通过 parseInt()方法，我们就能够大概知道当前的进度百分比。

JavaScript 的代码片段如下：

```
71                            //追踪播放的进度
72  function playAudio2() {
73  // 从目标文件创建Media对象
74      var src = "https://o9ffeqkln.qnssl.com/KisstheRain.mp3";
75      my_media = new Media(src, onSuccess, onError);
76  // 播放音频
77      my_media.play();
78
79  // 每秒更新Media的时间点
80      window.mediaTimer = setInterval(function () {
81  // 获取Media的时间点
82          var durations = my_media.getDuration();
83          my_media.getCurrentPosition(
84  // 成功后的回调函数
```

```
85                function (position) {
86                    if (position > -1) {
87                        var percentage = parseInt(position / durations * 100);
88                        startbar(percentage);
89                    }
90                },
91  // 错误的回调函数
92                function (e) {
93                    console.log("Error getting pos=" + e);
94                }
95            );
96       }, 1000);
97   }
98                             //追踪进度并从指定位置开始播放
```

14.5 从指定的位置播放

在之前的案例中，笔者已经完成了一首歌的播放进度显示。但是在使用 QQ 音乐和虾米音乐这两款 APP 的时候，用户能够操作进度条从指定的时间点进行播放，这样比较人性化。当然，Media API 中也提供了一个方法用来指定从何时开始播放音乐，下面我们就通过一个按钮来演示一下。

HTML 部分的代码很简单，我们继续在之前的代码中加上一个"播放指定位置"的按钮，结束播放之前的效果如图 14-8 所示。

图 14-8 "播放指定位置"的按钮

HTML 代码片段如下：

```
47  <!-- 第二页开始 -->
48  <div data-role="page" id="two" data-theme="a">
49
50      <div data-role="header">
51          <h4>播放音乐2</h4>
```

细说 HTML5 高级 API

```
52     </div>
53     <div role="main" class="ui-content">
54         <!-- /内容部分 -->
55         <button class="ui-btn ui-shadow ui-corner-all ui-btn-icon-left ui-icon-display" id=
           "play2">播放:钢琴曲《KisstheRain》
56         </button>
57         <div id="loadbar">
58             <span id="bar" style="width: 10%;">10%</span>
59         </div>
60         <button class="ui-btn ui-shadow ui-corner-all ui-btn-icon-left ui-icon-stop" id=
           "stop2">结束:钢琴曲《KisstheRain》
61         </button>
62         <button class="ui-btn ui-shadow ui-corner-all ui-btn-icon-left " id="seekTo">
           播放指定位置:钢琴曲《KisstheRain》
63         </button>
64         <button class="ui-btn ui-shadow ui-corner-all "><a href="#one">打开第一页
           </a></button>
65
66     </div><!-- /内容 -->
67
68     <div data-role="footer" data-position="fixed">
69         <div data-role="navbar" data-position="fixed">
70
71             <ul>
72
73                 <li><a href="#" class="ui-btn-active">音乐播放器2</a></li>
74
75             </ul>
76         </div>
77     </div>
78 </div>
79 <!-- /第二页结束 -->
```

JavaScript 的代码应该实现当点击按钮的时候开始播放音乐。我们可以通过使用 setTimeout()函数,实现在播放到 1 秒的时候直接通过 seekTo()函数跳转到指定的时间点进行播放,代码片段如下:

```
98                                    //追踪进度并从指定位置开始播放
99  function playAudio3() {
100 // 从目标文件创建Media对象
101     var src = "https://o9ffegkln.qnssl.com/KisstheRain.mp3";
102     my_media = new Media(src, onSuccess, onError);
103 // 播放音频
104     my_media.play();
105
106 // 每秒更新Media的时间点
107     window.mediaTimer = setInterval(function () {
108 // 获取Media的时间点
109         var durations = my_media.getDuration();
110         my_media.getCurrentPosition(
111 // 成功后的回调函数
112             function (position) {
113                 if (position > -1) {
114                     var percentage = parseInt(position / durations * 100);
115                     startbar(percentage);
116                 }
117             },
118 // 错误的回调函数
119             function (e) {
120                 console.log("Error getting pos=" + e);
121             }
```

238

```
122          );
123      }, 1000);
124 //等待1秒，直接跳到10秒的时间点进行播放，当然，会有短暂的停顿
125      setTimeout(function(){
126          var milliseconds = 10000;
127          my_media.seekTo(milliseconds);
128      },1000);
129 }
```

显示进度条的函数的代码片段如下：

```
130 //显示进度条的进度
131 function startbar(percentage) {
132      var showbar = setTimeout(function () {
133          if (percentage >= 100) {
134              clearTimeout(showbar);
135          }
136          document.getElementById("bar").style.width = percentage + "%";
137          document.getElementById("bar").innerHTML = percentage + "%";
138      }, 1000);
139 }
140
```

14.6 录制声音与播放声音

Media API 中还有两个比较重要的方法，用来录制和播放声音，这一功能可以通过 Media 对象的 startRecord()方法和 stopRecord()方法实现，下面是一个简单的例子。

我们只需要在 HTML 界面添加需要的两个按钮和用来显示录制进度的区域即可，因为需要使用 jQuery Mobile 的 UI，所以直接使用列表显示比较直观，代码片段如下：

```
1 <!DOCTYPE html>
2
3 <html>
4      <head>
5
6          <meta http-equiv="Content-Security-Policy" content="default-src 'self' data: gap:
             https://ssl.gstatic.com 'unsafe-eval'; style-src 'self' 'unsafe-inline'; media-src
             *">
7          <meta name="format-detection" content="telephone=no">
8          <meta charset="utf-8">
9          <meta name="msapplication-tap-highlight" content="no">
10         <meta name="viewport" content="user-scalable=no, initial-scale=1, maximum-scale=1,
             minimum-scale=1, width=device-width">
11         <link rel="stylesheet" type="text/css" href="css/jquery.mobile-1.4.5.css">
12         <script type="text/javascript" src="js/jquery-2.1.1.min.js"></script>
13         <script type="text/javascript" src="js/jquery.mobile-1.4.5.js"></script>
14         <script type="text/javascript" src="js/index.js"></script>
15         <script type="text/javascript" src="cordova.js"></script>
16         <title>cordova Device</title>
17     </head>
18     <body>
19
20         <div data-role="page" data-theme="a">
21             <div data-role="header" data-position="fixed">
22                 <h4>录制播放声音</h4></div>
```

```html
23          <div role="main" class="ui-content">
24              <ul data-role="listview">
25                      <li id="record">录制声音</li>
26                      <li id="display">播放声音</li>
27                      <li id="current_position">录制时长</li>
28              </ul>
29
30          </div>
31          <div data-role="footer" data-position="fixed">
32              <div data-role="navbar" data-position="fixed" >
33                  <ul>
34                      <li><a  href="#" class="ui-btn-default">
                     MediaAPI中的录音和播放</a></li>
35                  </ul>
36              </div>
37          </div>
38      </div>
39  </body>
40 </html>
```

在点击屏幕上的"录制声音"按钮时，底部的"录制时长"按钮开始计时，显示一共录制了多长时间。点击"播放声音"按钮，设备会播放刚刚录制的声音，读者可以自己测试一下。JavaScript 代码片段如下：

```javascript
1
2                          // 等待加载Cordova
3  document.addEventListener("deviceready", onDeviceReady, false);
4
5                          // PhoneGap加载完毕
6  function onDeviceReady() {
7       $('#record').click(function(){
8           recordAudio();
9       });
10      $('#display').click(function(){
11          playAudio();
12      })
13 }
14                          // 创建Media对象成功后调用的回调函数
15 function onSuccess() {
16      alert("完成");
17 }
18                          // 创建Media对象出错后调用的回调函数
19 function onError(error) {
20      alert('code: '    + error.code    + '\n' +
21          'message: ' + error.message + '\n');
22 }
23                          // 设置音频播放位置
24 function setAudioPosition(position) {
25      document.getElementById('current_position').innerHTML = position;
26 }
27                          // 播放音频
28 function playAudio() {
29      mediaRec.play();
30 }
31                          // 录制音频
32 function recordAudio() {
33      var src = "audio.wav";
34      mediaRec = new Media(src, onSuccess, onError);
35                          // 开始录制音频
36      mediaRec.startRecord();
37                          // 10秒后停止录制
38      var recTime = 0;
39                          //定时器，10秒后结束
40      var recInterval = setInterval(function() {
```

```
41      recTime = recTime + 1;
42      setAudioPosition('录制时长:'+recTime + " 秒");
43      if (recTime >= 10) {
44          clearInterval(recInterval);
45          mediaRec.stopRecord();
46      }
47  }, 1000);
48
49 }
```

效果如图 14-9 和图 14-10 所示,当用户点击"录制声音"按钮的时候,安卓和 iOS 系统的手机都会提示是否允许这个应用获取本地录音权限。

图 14-9

图 14-10

注意:

在图 4-9 所示界面中,用户必须点击"允许"按钮,才能够执行录音过程,如果点击"拒绝"按钮,程序就不能正常工作。

为了保证在安卓和 iOS 设备上都能够播放录音,笔者建议在声明录制完成的文件名称及拓展名称的时候,拓展名称统一命名为.wav 格式。

14.7 资源与性能优化

在其他强类型语言中,都有调用分配内存的函数,例如 C 语言中的 malloc()方法;还会有释放内存的函数,例如 C 语言中的 free()方法。当然,在今天的大环境下,手机的性能和质量都有了大幅度提高。但是我们不能忽视的就是手机资源的利用和回收,在 Media API 中有一个 media.release()方法,可以用来实现内存释放的效果。

注意：

在实际的项目开发中，由于手机 CPU 的核心和运算能力参差不齐，因此，我们测试的时候应该避免同时创建多个对象。当然，笔者的很多实例并没有所谓的完善信息，我们需要做的就是在写代码的过程中，尽可能地多思考、多发现并解决问题。这样，我们的应用才能更加流畅。

14.8 本章总结

本章我们认识并且知道了 Cordova 中的基本多媒体处理方式，其他的多媒体（图片和视频等）的处理方式都可以参考之前的例子处理。Cordova 中其他相似的 API 的使用方式和本章中的 API 的使用方式基本一致。

本章资源包

本章扩展知识

练习题

一、选择题

1. Media API 提供在设备上（　　）和播放音频文件的功能。
   A．录制　　　　　　B．隐藏　　　　　　C．剪切　　　　　　D．复制
2. Media API 初始化的对象需要在设备（　　）事件触发之后才可以用。
   A．onStop　　　　　B．onStart　　　　　C．deviceready　　　D onPause
3. cdvfile 路径支持作为（　　）参数。
   A．Src　　　　　　 B．URL　　　　　　 C．map　　　　　　 D．event
4. 初始化 Media 对象提供的参数个数为（　　）。
   A．2　　　　　　　 B．3　　　　　　　　C．4　　　　　　　　D．5
5. 以下不是回调函数 mediaStatus()的状态值的是（　　）。
   A．0　　　　　　　 B．1　　　　　　　　C．2　　　　　　　　D．5
6. Media API 实例化的方法个数为（　　）。
   A．9　　　　　　　 B．10　　　　　　　 C．11　　　　　　　 D．13

7．返回音频文件中的当前位置的方法是（　　）。

A．media.getCurrentAmplitude　　　　　B．media.play

C．media.pauseRecord　　　　　　　　　D．media.setVolume

8．返回音频文件中的当前位置，更新 Media 对象的位置参数的函数是（　　）。

A．media.getCurrentAmplitude　　　　　B．media.play

C．media.pauseRecord　　　　　　　　　D．media.getCurrentPosition

9．以秒为单位返回音频文件的时长，如果持续时间未知，则返回值为 -1 的函数为（　　）。

A．media.getCurrentAmplitude　　　　　B．media.play

C．media.getDuration　　　　　　　　　D．media.getCurrentPosition

10．减少底层操作系统的音频资源非常重要，那么播放音乐之后释放资源的函数是（　　）。

A．media.getCurrentAmplitude　　　　　B．media.release

C．media.getDuration　　　　　　　　　D．media.getCurrentPosition

二、简答题

请基于本章的内容打造一个音乐播放器。

第15章 Cordova 中的内置浏览器

现在的许多流行应用都有我们熟知的内置浏览器，例如微信、微博及淘宝等比较常用的 APP 都有内置浏览器。为什么会有内置浏览器的存在呢？实际上，它除了提高用户体验，还方便了处理数据和视图，例如第三方登录和第三方支付。我们都知道，采用第三方支付的方式在结算的时候一定会跳转界面，或者跳转应用。在 Cordova 中，采用混合 APP 的方式进行第三方服务的嵌入是非常常见的。本章笔者就简单介绍一下如何使用内置浏览器。

本章二维码里面包括：
1. 本章的学习视频；
2. 本章所有实例演示结果；
3. 本章习题及其答案；
4. 本章资源包（包括本章所有代码）下载；
5. 本章的扩展知识。

本章二维码

15.1 认识内置浏览器

在 Cordova 中我们使用 inappbrowser 来实现内置浏览器的功能，这个 API 提供了一个在调用 cordova.InAppBrowser.open()方法时显示的 Web 浏览器视图，下面笔者将详细阐述这个 API 的内容。

inappbrowser 窗口的行为像一个标准的 Web 浏览器，不能访问 Cordova API。因此，官方推荐开发者可以加载第三方（不可信）的内容，取代直接加载到 Cordova 的主界面中的内容，如微博登录、QQ 登录等。

内置浏览器不属于白名单，也不是使用系统内置浏览器打开链接的。用户可以使用下面的方式创建一个链接：

```
var ref = cordova.InAppBrowser.open('http://apache.org', '_blank', 'location=yes');
```

cordova.InAppBrowser.open()方法可以作为 window.open 方法的嵌入式替代方法，存在的 cordova.InAppBrowser.open() 方法可以通过替换 window.open() 函数，调用并使用 InAppBrowser 的窗口。代码片段如下：

```
window.open = cordova.InAppBrowser.open;
```

InAppBrowser 默认为用户提供了它自己的 GUI（返回—前进—完成）控制。

尽管 window.open 是全局变量，但是 InAppBrowser 只有在 Cordova 的设备加载完毕之后才能够调用。代码片段如下：

```
document.addEventListener("deviceready", onDeviceReady, false);
  function onDeviceReady() {
    console.log("window.open works well");
  }
```

15.2 第一个简单的实例

（1）创建项目。

代码片段如下：

```
Administrator@MR-20160728WNFR E:\opt\Writting\codes\example\C12
$ cordova create InBrowser com.inbrowser.www InBrowser
```

命令如下：

Administrator@MR-20160728WNFR E:\opt\Writting\codes\example\C12
$ cordova create InBrowser com.inbrowser.www InBrowser

返回结果如下：

Creating a new cordova project.

（2）添加插件。

添加内置浏览器插件，代码片段如下：

```
Administrator@MR-20160728WNFR E:\opt\Writting\codes\example\C12\InBrowser
$ cordova plugin add cordova-plugin-inappbrowser
Plugin "cordova-plugin-inappbrowser" already installed on android.
```

命令如下：

Administrator@MR-20160728WNFR E:\opt\Writting\codes\example\C12\InBrowser
$ cordova plugin add cordova-plugin-inappbrowser

返回结果如下：

Fetching plugin "cordova-plugin-inappbrowser@1.5.0" via npm

细说 HTML5 高级 API

检查插件是否安装成功，命令如下：

```
Administrator@MR-20160728WNFR E:\opt\Writting\codes\example\C12\InBrowser
$ cordova plugin ls
cordova-plugin-inappbrowser 1.5.0 "InAppBrowser"
cordova-plugin-whitelist 1.3.0 "Whitelist"
```

返回结果，说明插件安装成功：

```
cordova-plugin-inappbrowser 1.5.0 "InAppBrowser"
```

（3）添加安卓平台。

添加安卓平台，命令如下：

```
Administrator@MR-20160728WNFR E:\opt\Writting\codes\example\C12\InBrowser
$ cordova platform add android
```

返回结果，因为笔者已添加了安卓平台，所以会提示已经添加，命令如下：

```
Administrator@MR-20160728WNFR E:\opt\Writting\codes\example\C12\InBrowser
$ cordova platform add android
Error: Platform android already added.
```

HTML 代码实例如下：

```html
1  <!DOCTYPE html>
2
3  <html>
4      <head>
5
6          <meta http-equiv="Content-Security-Policy" content="default-src 'self' data: gap:
             https://ssl.gstatic.com 'unsafe-eval'; style-src 'self' 'unsafe-inline'; media-src
             *">
7          <meta name="format-detection" content="telephone=no">
8          <meta charset="utf-8">
9          <meta name="msapplication-tap-highlight" content="no">
10         <meta name="viewport" content="user-scalable=no, initial-scale=1, maximum-scale=1,
             minimum-scale=1, width=device-width">
11         <link rel="stylesheet" type="text/css" href="css/jquery.mobile-1.4.5.css">
12         <script type="text/javascript" src="js/jquery-2.1.1.min.js"></script>
13         <script type="text/javascript" src="js/jquery.mobile-1.4.5.js"></script>
14         <script type="text/javascript" src="js/index.js"></script>
15         <script type="text/javascript" src="cordova.js"></script>
16         <title>cordova Device</title>
17     </head>
18     <body>
19
20     <div data-role="page" data-theme="a">
21         <div data-role="header" data-position="fixed">
22             <h4>简单浏览器实例</h4></div>
23         <div role="main" class="ui-content">
24           <button class="ui-btn">这是简单内置浏览器</button>
25           <button class="ui-btn">兄弟连IT教育</button>
26           <button class="ui-btn-corner-all" id="open_browser">打开内置浏览器</button>
27
28         </div>
29         <div data-role="footer" data-position="fixed">
30             <div data-role="navbar" data-position="fixed" >
```

```html
31                    <ul>
32                        <li><a  href="#" class="ui-btn-active">内置浏览器1</a></li>
33                    </ul>
34                </div>
35            </div>
36        </div>
37    </body>
38 </html>
```

JavaScript 代码片段如下：

```javascript
1  document.addEventListener("deviceready", onDeviceReady, false);
2  function onDeviceReady() {
3      $('#open_browser').on("click",click_open_browser)
4  }
5  
6  function click_open_browser(){
7      var url = 'https://www.baidu.com/';
8      var target  = '_blank';
9      var options = 'location=yes';
10     var ref = cordova.InAppBrowser.open(url, target, options);
11 }
```

效果图如图 15-1 和图 15-2 所示。

图 15-1　打开内置浏览器之前的效果图　　　图 15-2　打开内置浏览器之后的效果图

15.3　第二个实例：自定义 URL

在上一个实例中，我们知道了如何使用内置浏览器打开一个 URL。下面笔者将实现自定义 URL，做一个导航。实际上，这也是比较容易实现的，详细过程如下。

细说 HTML5 高级 API

（1）创建项目，代码片断如下：

```
Administrator@MR-20160728WNFR E:\opt\Writting\codes\example\C12
$ cordova create CuBrowser com.cubrowser.www CuBrowser
Error: Path already exists and is not empty: E:\opt\Writting\codes\example\C12\CuBrowser
```

命令如下：

```
Administrator@MR-20160728WNFR E:\opt\Writting\codes\example\C12
$ cordova create CuBrowser com.cubrowser.www CuBrowser
```

返回的结果如下：

```
Creating a new cordova project.
```

（2）添加平台和插件，和上一个例子一样，读者可以自行添加，这里就不赘述了。下面我们看一下 HTML 的代码片段，如下：

```html
1  <!DOCTYPE html>
2
3  <html>
4      <head>
5
6          <meta http-equiv="Content-Security-Policy" content="default-src 'self' data: gap:
             https://ssl.gstatic.com 'unsafe-eval'; style-src 'self' 'unsafe-inline'; media-src
             *">
7          <meta name="format-detection" content="telephone=no">
8          <meta charset="utf-8">
9          <meta name="msapplication-tap-highlight" content="no">
10         <meta name="viewport" content="user-scalable=no, initial-scale=1, maximum-scale=1,
             minimum-scale=1, width=device-width">
11         <link rel="stylesheet" type="text/css" href="css/jquery.mobile-1.4.5.css">
12         <script type="text/javascript" src="js/jquery-2.1.1.min.js"></script>
13         <script type="text/javascript" src="js/jquery.mobile-1.4.5.js"></script>
14         <script type="text/javascript" src="js/index.js"></script>
15         <script type="text/javascript" src="cordova.js"></script>
16         <title>cordova Device</title>
17     </head>
18     <body>
19
20     <div data-role="page" data-theme="a">
21         <div data-role="header" data-position="fixed">
22             <h4>简单浏览器实例</h4></div>
23         <div role="main" class="ui-content">
24             <label for="url">请填写URL地址:</label>
25             <input type="text" id="url" name="url" value="https://www.baidu.com"><br>
26             <a href="#" data-role="button" id="openURL">打开URL</a><br>
27         </div>
28         <div data-role="footer" data-position="fixed">
29             <div data-role="navbar" data-position="fixed" >s
30                 <ul>
31                     <li><a  href="#" class="ui-btn-active">内置浏览器1</a></li>
32                 </ul>
33             </div>
34         </div>
35     </div>
36     </body>
37 </html>
38
```

248

JavaScript 代码片段如下：

```javascript
document.addEventListener("deviceready", onDeviceReady, false);
function onDeviceReady() {
    $("#openURL").on("click", openURL);
}

function openURL() {
    alert('openURL');

    var ref = window.open($('#url').val(), '_blank', 'location=yes');
    ref.addEventListener('loadstart', function(event) { alert('start: ' + event.url); });
    ref.addEventListener('loadstop', function(event) { alert('stop: ' + event.url); });
    ref.addEventListener('loaderror', function(event) { alert('error: ' + event.message); });
    ref.addEventListener('exit', function(event) { alert(event.type); });
}
```

效果图如图 15-3~图 15-6 所示。

图 15-3　提示开始打开 URL

图 15-4　开始加载

图 15-5　加载完毕

图 15-6　关闭内置浏览器

根据以上效果图和 JavaScript 代码，读者应该能够发现，在打开 URL 的时候得到了不同提示。笔者在这里使用了 InAppBrowser 监听事件的方法，监听方法有四种事件类型，读者可以自行选择监听的类型和相关的处理函数。

15.4 本章总结

本章我们使用 Cordova 的内置浏览器的相关 API，实现了两个常用的实例。当然，这两个案例并不复杂，在实际的开发过程中，读者还需要将官网的文档拿来进行详细对照，避免出现非人为的错误。

本章习题及其答案

本章资源包

本章扩展知识

练习题

一、选择题

1. Web 浏览器视图在调用（　　）方法时显示。

   A．hide　　　　B．show　　　　C．close　　　　D．open

2. InAppBrowser.addEventListener 的属性的个数为（　　）。

   A．1　　　　　B．2　　　　　　C．3　　　　　　D．4

3. InAppBrowser 在加载 URL 遇到错误时触发事件，这个事件名称为（　　）。

   A．loadstart　　B．loadstop　　　C．loaderror　　　D．exit

4. InAppBrowser 事件属性的个数为（　　）。

   A．1　　　　　B．2　　　　　　C．3　　　　　　D．4

5. 从 InAppBrowser 中删除事件的监听器，这个方法是（　　）。

   A．addEventListener　　　　　　B．removeEventListener

   C．executeScript　　　　　　　D．insertCSS

6. 显示已打开的 InAppBrowser 隐藏窗口，如果 InAppBrowser 已可见，则调用此方法无效，这个方法是（　　）。

   A．addEventListener　　　　　　B．removeEventListener

C．executeScript   D．show

7．将 JavaScript 代码插入 InAppBrowser 窗口，这个方法是（　　）。

A．addEventListener   B．removeEventListener

C．executeScript   D．show

8．在 InAppBrowser 窗口中插入 CSS，这个方法名称为（　　）。

A．addEventListener   B．insertCSS

C．executeScript   D．show

9．隐藏 InAppBrowser 窗口，如果 InAppBrowser 已隐藏，则调用此方法无效，这个方法是（　　）。

A．hide   B．insertCSS

C．executeScript   D．show

10．关闭 InAppBrowser 窗口的方法是（　　）。

A．hide   B．insertCSS

C．close   D．show

二、简答题

根据本章内容打造自己的个性化内置浏览器。

第 16 章

Cordova 中的数据库存储

对数据的本地存储的支持，是 HTML5 的一大进步，在 Cordova 中也没有少了这一功能，Cordova 中的 Storage API 提供了必不可少的设备的本地存储的访问功能，在众多设备中，这些功能都能通过 HTML5 的本地存储功能来实现，少数设备通过底层的功能才能实现。

本章二维码

本章二维码里面包括：
1. 本章的学习视频；
2. 本章所有实例演示结果；
3. 本章习题及其答案；
4. 本章资源包（包括本章所有代码）下载；
5. 本章的扩展知识。

16.1 Cordova 中的本地存储

16.1.1 Web 端的本地存储

说到这里，读者应该能够理解，在一个移动端的 APP 中，可以通过 Cordova 调用设备底层的 API，如录音、摄像等功能。但是 HTML5 主要用来实现页面级别的应用，因此我们先来看看页面级别的应用的使用情况。

我们先通过一个简单的例子来看看，新建 Web 本地存储的项目根目录——web_storage，编辑 web_storage.html，代码片段如下：

```html
1  <!DOCTYPE html>
2  <html>
3  <head>
4      <title>利用HTML 5中的本地存储功能实现访问次数的记录</title>
5      <meta content="text/html; charset=utf-8"/>
6      <link rel="stylesheet" href="css/bootstrap.min.css">
7      <link rel="stylesheet" href="css/bootstrap-theme.min.css">
8      <style>
9      </style>
10 </head>
11
12 <body onload="storage();">
13 <div class="alert alert-danger" role="alert" id="alert">
14     <a href="#" class="alert-link" id="warning">...</a>
15 </div>
16 <div class="panel panel-primary">
17     <div class="panel-heading">
18         <h3 class="panel-title">HTML5本地存储</h3>
19     </div>
20     <div class="panel-body">
21         记录本地访问次数
22     </div>
23 </div>
24 <div class="jumbotron">
25     <h1>兄弟连IT教育!</h1>
26     <p>变态严管，助你化茧成蝶</p>
27     <p><a class="btn btn-primary btn-lg" href="http://www.itxdl.cn/" role="button" target="_blank">了解更多</a></p>
28 </div>
29 <div class="btn-group btn-group-justified">
30     <div class="btn-group">
31         <button type="button" class="btn btn-default">兄弟会</button>
32     </div>
33     <div class="btn-group">
34         <button type="button" class="btn btn-default" onclick="count()">点我</button>
35     </div>
36     <div class="btn-group">
37         <button type="button" class="btn btn-default">兄弟连</button>
38     </div>
39 </div>
40 </body>
41 <script src="js/jquery-2.1.1.min.js"></script>
42 <script src="js/bootstrap.min.js"></script>
43 <script type="text/javascript" charset="utf-8">
44     // 初始化次数记录
45     var lastdata = null;
46     // 页面加载执行
47     function storage() {
48         $('#alert').hide();
49         // 如果有访问记录
50         if (localStorage.pagecount) {
51             // 记录数加1
52             localStorage.pagecount = Number(localStorage.pagecount) + 1;
53             // 上一次访问本页的时间
54             lastdata = localStorage.newvisit;
55             // 获取当前系统时间
56             localStorage.newvisit = new Date();
57         }
58         //如果本页没有被访问过
59         else {
60             // 那么将次数记为1
```

```
61              localStorage.pagecount = 1;
62              localStorage.newvisit = new Date();
63          }
64      }
65      function count() {
66          // 本页被访问次数大于1，则说明有上次访问的时间记录
67          if (localStorage.pagecount > 1) {
68              $('#alert').show();
69              $("#warning").html(function (n) {
70                  return "你访问了本页面" + localStorage.pagecount + "次" +
                         "您上一次访问的时间是" + lastdata;
71              });
72          }
73
74          else {
75              alert("您访问了本页面" + localStorage.pagecount + "次");
76          }
77      }
78  </script>
79  </html>
80
```

保存上述代码片段文件，其在浏览器中的访问效果如图 16-1 所示。

图 16-1　打开 web_storage 界面的效果图

如果读者已经访问了 1 次以上，点击"点我"按钮，效果如图 16-2 所示。

第 16 章 Cordova 中的数据库存储

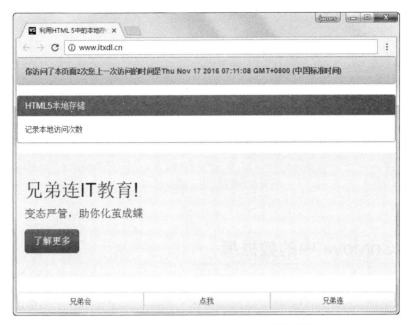

图 16-2 点击"点我"按钮之后的效果图

本例对 HTML5 标准中提供的 Storage 对象的存储的介绍到这里就结束了。在一些应用中都可以使用本地存储来完成，例如应用中的聊天记录、号码簿等。下面，笔者将继续介绍如何使用 Cordova 中的数据存储 API。

16.1.2　Cordova 应用中的本地存储

通过上一节介绍的 Web 端的存储机制，我们知道了如何使用 Storage 的相关 API，那么在 Cordova 中的 Storage 存储机制又是如何的呢？请读者继续往下看。

同样地，本地存储也是以键值对的方式进行的，Cordova 也是使用键值对的方式存储永久信息，例如：

window.localStorage.setItem("姓名","王小二")

如果读者想使用之前存储的信息，那么可以使用以下方法获取到值：

var str = window.localStorage.getItem("姓名")

读者可以自行在控制台进行测试，笔者的测试结果如图 16-3 所示。

在 IndexDB 中，这种存储方式是极为常用的，下面我们来认识一下如何在 Cordova 中操作我们的数据库。由于在移动端的设备中预装的都是 SQLite，因此可以基于这一标准来逐步理解 Cordova 中数据库的操作。

细说 HTML5 高级 API

图 16-3 控制台的测试结果，输出结果为"王小二"

16.2 Cordova 中的数据库

WebSQL 提供了一个 API，用于在一个结构化的数据库中可以使用标准的 SQL 语法查询存储数据（特别是 SQLite）。它展现了 SQL 的全部强有力性（和复杂性）。

以下几个平台提供底层 WebView 来支持 Cordova 的 SQLite 数据库：

（1）Android。

（2）BlackBerry 10。

（3）iOS。

接着，笔者将通过一个简单的实例来介绍在 Cordova 中如何使用 SQLite 数据库。下面是一个键值对存储数据的实例。

我们来看看 HTML 代码片段，如下：

```
<!DOCTYPE html>

<html>
<head>

    <meta http-equiv="Content-Security-Policy"
        content="default-src 'self' data: gap: https://ssl.gstatic.com 'unsafe-eval';
        style-src 'self' 'unsafe-inline'; media-src *">
    <meta name="format-detection" content="telephone=no">
    <meta charset="utf-8">
    <meta name="msapplication-tap-highlight" content="no">
    <meta name="viewport"
        content="user-scalable=no, initial-scale=1, maximum-scale=1, minimum-scale=1,
        width=device-width">
    <link rel="stylesheet" type="text/css" href="css/jquery.mobile-1.4.5.css">
    <script type="text/javascript" src="js/jquery-2.1.1.min.js"></script>
    <script type="text/javascript" src="js/jquery.mobile-1.4.5.js"></script>
    <script type="text/javascript" src="js/index.js"></script>
    <script type="text/javascript" src="cordova.js"></script>
    <title>cordova的localstorage</title>
</head>
<body>

<div data-role="page" data-theme="a">
```

```html
23    <div data-role="header" style="overflow:hidden;" data-position="fixed">
24        <h4>键值存储</h4>
25    </div>
26    <div role="main" class="ui-content">
27        <button class="ui-btn" id="inserts">插入数据</button>
28        <button class="ui-btn" id="removes">删除数据</button>
29        <ul data-role="listview" id="data_list">
30            <li>下面显示操作记录</li>
31
32        </ul>
33    </div>
34
35    <div data-role="footer" data-position="fixed">
36        <div data-role="navbar" data-position="fixed">
37
38            <ul>
39
40                <li><a href="#" class="ui-btn-active">键值存储方法的应用</a></li>
41
42            </ul>
43        </div>
44    </div>
45 </div>
46 </body>
47 </html>
48
```

JavaScript 代码片段如下：

```javascript
1
2  $(function(){
3      $('#inserts').click(function(){
4          _inserts()
5      });
6      $('#removes').click(function(){
7          _deletes()
8      });
9  });
10 // 插入一组键值对
11 function _inserts() {
12     // 设置key对应的值为："兄弟连IT教育"
13     window.localStorage.setItem("key", "兄弟连IT教育");
14     // 获取key对应的键值，即"兄弟连IT教育"
15     var value = window.localStorage.getItem("key");
16     // 将获取的内容显示在屏幕上
17     $('#data_list').append("<li>插入的值为："+value+"</li>").listview("refresh");
18
19 }
20 // 将本地存储中的键值对清空
21 function _deletes() {
22     // 执行清空操作
23     window.localStorage.clear();
24     // 再读取key对应的键值内容，存入变量value中
25     var value = window.localStorage.getItem("key");
26     // 显示value中的内容
27     $('#data_list').append("<li>删除之后的值为："+value+"</li>").listview("refresh");
28
29 }
30
```

提示：

通过点击"删除数据"按钮，我们知道了使用该方法之后，整个本地数据存储都被清空了，也就是"null"。为了方便起见，笔者并没有使用针对相应的键值的 removeItem()方法，但是使用下面的方法比较方便：

window.localStorage.removeItem("键");

运行效果如图 16-4 和图 16-5 所示。

图 16-4　插入数据　　　　　　　　图 16-5　删除数据

16.2.1　认识 Cordova 中的 SQLite API

当然这需要读者有一定的数据库的基础知识，我们可以通过代码创建一个数据库，代码片段如下：

```
var db = window.openDatabase(
  name,            // 数据库的名称
  version,         //创建数据库的版本号
  displayName,     // 数据库的显示名称
  estimatedSize    //数据库的初始化大小
);
```

也可以通过语句进行查询操作，这和正常的 MySQL 的读取数据类似，代码片段如下：

```
var select = "SELECT * FROM table"           //要执行的查询语句，从 table 表中查询所有数据
    db.excuteSql(select,onSuccess,onError);   //开始执行查询，查询成功后调用 onSuccess
```

在实际的项目开发中使用的语句肯定比这些语句复杂，但是不能否认这个功能的便利性，Cordova 中的本地存储是比较好用的常用 API。

16.2.2　使用 SQLite SQL

当我们使用数据库 API 创建一个实例之后，它就会返回一个 DataBase 对象，这个对象

提供了 transaction()方法，这个方法可以让用户执行本地 SQL 查询方法 executeSql()，下面我们直接看一个很简单的例子。

创建一个项目，代码片段如下：

```
Administrator@MR-20160728WNFR E:\opt\Writting\codes\example\C11
$ cordova create ExeSQL com.exesql.www ExeSQL
Creating a new cordova project.
```

创建好项目之后就可以编辑代码了，HTML 代码如下：

```html
<!DOCTYPE html>

<html>
<head>

    <meta http-equiv="Content-Security-Policy"
        content="default-src 'self' data: gap: https://ssl.gstatic.com 'unsafe-eval';
        style-src 'self' 'unsafe-inline'; media-src *">
    <meta name="format-detection" content="telephone=no">
    <meta charset="utf-8">
    <meta name="msapplication-tap-highlight" content="no">
    <meta name="viewport"
        content="user-scalable=no, initial-scale=1, maximum-scale=1, minimum-scale=1,
        width=device-width">
    <link rel="stylesheet" type="text/css" href="css/jquery.mobile-1.4.5.css">
    <script type="text/javascript" src="js/jquery-2.1.1.min.js"></script>
    <script type="text/javascript" src="js/jquery.mobile-1.4.5.js"></script>
    <script type="text/javascript" src="js/index.js"></script>
    <script type="text/javascript" src="cordova.js"></script>
    <title>cordova的SQLite</title>
</head>
<body>

<div data-role="page" data-theme="a">
    <div data-role="header" data-position="fixed">
        <h4>使用Cordova中的SQLite</h4></div>
    <div role="main" class="ui-content">
        <button class="ui-btn" id="exesql">执行操作</button>
    </div>
    <div data-role="footer" data-position="fixed">
        <div data-role="navbar" data-position="fixed">

            <ul>

                <li><a href="#" class="ui-btn-active">transaction方法的应用</a></li>

            </ul>
        </div>
    </div>
</div>
</body>
</html>
```

JavaScript 代码实例如下：

```javascript
// 设置设备加载完毕的触发器函数onDeviceReady
document.addEventListener("deviceready", onDeviceReady, false);
// 设备加载完毕
function onDeviceReady() {
    // 新建一个数据库
    var myNewDatase = window.openDatabase("Database", "1.0", "EXESQL", 200000);
    // 对数据库执行操作
}
// 向数据库中写入数据
    $('#exesql').click(function () {
        myNewDatase.transaction(populatedb, error, success);
    })
}
function populatedb(tx) {
    // 如果之前数据库已存在则将其删除
    tx.executeSql('DROP TABLE IF EXISTS GENIUS');
    // 创建新的数据库对象，名为MYDEMO
    tx.executeSql('CREATE TABLE IF NOT EXISTS GENIUS (id unique, data)');
    // 插入一条数据
    tx.executeSql('INSERT INTO GENIUS (id, content) VALUES (1, "我是第1行数据")');
    // 再插入一条数据
    tx.executeSql('INSERT INTO GENIUS (id, content) VALUES (2, "我是第2行数据")');
    // 再插入一条数据
    tx.executeSql('INSERT INTO GENIUS (id, content) VALUES (999, "我是第999行数据")');
}
// 执行查询命令
function querydb(tx) {
    // 查询表MYDEMO中的全部内容
    tx.executeSql('SELECT * FROM GENIUS', [], querySuccess, error);
}
// 查询成功
function querySuccess(tx, results) {
    //记录读取的内容
    var str = "";
    // 数据库中数据的条数
    var len = results.rows.length;
    str = "Total: " + len +
        " line,is" +
        "\n";
    // 遍历从数据库中读出的记录
    for (var i = 0; i < len; i++) {
        str = str +
            "total_line " + i +
            " ID : " + results.rows.item(i).id +
            " Content  " + results.rows.item(i).content +
            "\n";
    }
    // 显示读出的内容
    alert('显示读取的数据' + str);
}
// 失败
function error(err) {
    alert("SQL语句出现错误,代码: " + err.code);
}
// 成功
function success() {
    // 打开数据库
    var myNewDatase = window.openDatabase("Database", "1.0", "EXESQL", 200000);
    myNewDatase.transaction(querydb, error);
}
```

效果如图 16-6 和图 16-7 所示。

图 16-6　点击执行操作之前的效果　　　图 16-7　点击执行操作之后的数据

但是出现代码错误了,应该如何判断错误类型和信息呢?在我们的代码中,提示了错误的处理方法,那么错误的代码代号分别代表哪些意思呢?笔者在这里就将这些代码对应的情况列出来,如表 16-1 所示,方便读者对照,自行解决问题。

表 16-1　错误代码对应的情况

错误类型	错误码	说　　明
UNKNOWN_ERR	0	事务失败的原因与数据库本身无关,而且不涉及任何其他错误代码
DATABASE_ERR	1	数据库语句失败,而且不涉及任何其他错误代码
VERSION_ERR	2	操作失败,因为实际的数据库版本不是它原有的
TOO_LARGE_ERR	3	语句失败,因为从数据库返回的数据太大了
QUOTA_ERR	4	声明失败,因为没有足够的剩余的存储空间,或达到了存储配额,用户拒绝给数据库提供更多的空间
SYNTAX_ERR	5	语句失败,因为语法错误,可能语句中参数的数目与?占位符的数量不匹配
CONSTRAINT_ERR	6	一个 INSERT、UPDATE、REPLACE 语句失败,例如正在插入一行主键列的值复制了一个现有行的值
TIMEOUT_ERR	7	在一个合理的时间内无法获得事务的锁

笔者将 JavaScript 中创建表的代码改了一下,如下:

tx.executeSql('CREATE TABLE IF NOT EXISTS GENIUS (id unique, data)');

细说 HTML5 高级 API

在其他代码不变的情况下，我们在项目根目录执行以下命令进行 Cordova 的再次打包：

```
Administrator@MR-20160728WNFR E:\opt\Writting\codes\example\C11\ExeSQL
$ cordova build android
```

重新安装并运行之前打包的应用，我们可以发现系统报错了且错误码为 5。对照表 16-1 可知此错误是语句的语法错误。重新查看 SQL 语句，我们发现创建的表中的列名和即将插入数据的名称不符，这样问题就可以很快解决了。

效果如图 16-8 所示。

图 16-8　发生 SQL 语句错误

提示：

虽然 SQLError 对象能够提示一些错误信息，但是因为某些人为操作有些无法显示为 undefined，因为任务的查询数据是不存在的，就像地图上本来没有某个地方，有些人却非要找到它，结果不言而喻。

笔者将整个流程梳理一遍，首先在"执行操作"按钮上绑定一个点击的处理函数。用户一旦点击此按钮，就会触发 openDataBase()方法，这个方法将打开名为 DataBase 的数据库，并且在这个数据库中创建一个只有两个字段的表 GENIUS。在这个表中，笔者使用 SQL 语句写入三行数据。如果成功了，就调用查询函数 querydb() 进行数据库所有数据的查询。当然，因为数量很少，用户可以直接使用 alert，将拿到的所有数据遍历拼接起来，最后将所有数据显示出来即可。

查询语句有两个回调函数对查询结果进行处理，如果查询成功，querySuccess()函数也会接收到一个 SQLDatabase 对象，在这个对象中包含一些特定的属性，该对象属性和说明如表 16-2 所示。

表 16-2 对象属性说明

属性名	说 明
insertId	数据库中记录的 ID 值
rowAffected	SQL 语句执行之后作用的记录条数
rows	SQLResultSetRowList 对象，包含了读取操作获取的记录内容

提示：

在这里笔者使用了 SQLResultSetRowList 对象的一些属性，如 row.length 将返回数据库中记录的条数；还有 row.item()，它是一个名为 item 的数组对象，其中包含的是数据库中记录的值。

16.3 本章总结

本章区分了 Web 端和 Cordova 应用中的本地存储之间的关系，认识和使用了 SQLite 数据库。我们从本章的实例中应该能够找到它们的存储方式之间的特点和区别，结合不同的特点，可以提高本地存储的开发效率。

本章习题及其答案

本章资源包

练习题

一、选择题

1. 本地存储提供简单的同步（　　）存储，并且由所有 Cordova 平台上的底层 WebView 实现支持。

  A．键值对　　　　B．数组　　　　C．元组　　　　D．数列

2. 本地存储可以通过（　　）访问。

  A．window.localStorage　　　　B．window.ApplicationCache

  C．window.Array　　　　D．window.Audio

3．返回表示存储在 Storage 对象中的数据项数的整数的方法是（　　）。
   A．Storage.length　　　　　　　　　B．Storage.getItem()
   C．Storage.setItem()　　　　　　　　D．Storage.removeItem()

4．当传递键名称和值时，将把该键添加到存储，或者如果键的值已经存在，则更新该键。这个方法是（　　）。
   A．Storage.length　　　　　　　　　B．Storage.getItem()
   C．Storage.setItem()　　　　　　　　D　Storage.removeItem()

5．当被调用时，将所有键清空存储。这个方法是（　　）。
   A．Storage.length　　　　　　　　　B．Storage.getItem()
   C．Storage.setItem()　　　　　　　　D．Storage.clear()

6．当传递密钥名称时，将从存储中删除该密钥。这个方法是（　　）。
   A．Storage.length　　　　　　　　　B．Storage.getItem()
   C．Storage.setItem()　　　　　　　　D．Storage.removeItem()

7．当传递数字 *n* 时，此方法将返回存储中的第 *n* 个密钥的名称。这个方法是（　　）。
   A．Storage.length　　　　　　　　　B．Storage.key()
   C．Storage.setItem()　　　　　　　　D．Storage.removeItem()

8．当传递一个键名时，将返回该键的值。这个方法是（　　）。
   A．Storage.getItem()　　　　　　　　B．Storage.key()
   C．Storage.setItem()　　　　　　　　D．Storage.removeItem()

9．Web Storage 包含 sessionStorage 和（　　）两种机制。
   A．localStorage　　B．webGL　　　C．UML　　　　D．Object

10．WebStorage 能够兼容 IE 哪个版本以上？（　　）。
   A．6　　　　　　B．8　　　　　　C．9　　　　　　D．11

二、简答题

使用本章的知识点完成一个离线的文档。

第17章 Cordova 中的 Device Motion API

在之前的章节，我们认识并且简单了解了百度地图在 Web 端的简单应用，本章将介绍的是 Cordova 中常用的加速器和地理位置信息，例如很多游戏使用加速传感器来捕获手机的运动和各个方向上的值，现在的智能手机也都装上了加速传感器，使用 Cordova Plugin 中的 Motion 这个核心插件，就可以实现捕获加速器的数据。

本章二维码

本章二维码里面包括：
1. 本章的学习视频；
2. 本章所有实例演示结果；
3. 本章习题及其答案；
4. 本章资源包（包括本章所有代码）下载；
5. 本章的扩展知识。

17.1 使用加速传感器

在赛车游戏风靡之时，是否有读者想过，我们是如何通过摇摆手机来控制赛车通过不同赛道的。之前最经典的一款《神庙逃亡》游戏，更是将加速传感器应用到了极致，之后类似的游戏更是层出不穷。下面笔者将介绍如何应用加速传感器开发我们需要的应用。

17.1.1 加速度的概念

加速度是物理学中的一个矢量，主要应用于经典物理当中，一般用字母 a 表示，在国际单位制中的单位为 m/s^2。加速度是速度矢量对时间的变化率，描述速度的方向和大小变化的快慢。

17.1.2 获取当前加速度的实例

在 Cordova 中，Device Motion API 就已经封装了专门用来获取设备加速度的方法，其中最基础的 getCurrentAcceleration()、navigator.accelerometer.getCurrentAcceleration()方法就是为了获取设备在该方法被调用时的相对运动方向。我们先来看一下效果图，如图 17-1 所示。

图 17-1　显示当前设备的加速度信息

点击提示加速度信息时，就会弹出当前加速度信息，分别有 x 轴、y 轴、z 轴和时间戳的值，x、y、z 显示各个方向的加速度值。

下面是 HTML 的主体代码片段，部分 meta 的代码可以查看源代码：

```
1  <!DOCTYPE html>
2
3  <html>
4      <head>
5
6          <meta http-equiv="Content-Security-Policy" content="default-src 'self' data: gap:
             https://ssl.gstatic.com 'unsafe-eval'; style-src 'self' 'unsafe-inline'; media-src
             *">
7          <meta name="format-detection" content="telephone=no">
8          <meta charset="utf-8">
9          <meta name="msapplication-tap-highlight" content="no">
10         <meta name="viewport" content="user-scalable=no, initial-scale=1, maximum-scale=1,
             minimum-scale=1, width=device-width">
11         <link rel="stylesheet" type="text/css" href="css/jquery.mobile-1.4.5.css">
12         <script type="text/javascript" src="js/jquery-2.1.1.min.js"></script>
13         <script type="text/javascript" src="js/jquery.mobile-1.4.5.js"></script>
14         <script type="text/javascript" src="js/index.js"></script>
15         <script type="text/javascript" src="cordova.js"></script>
16         <title>cordova demo</title>
```

```html
17      </head>
18      <body>
19
20      <div data-role="page" data-theme="a">
21          <div data-role="header" data-position="fixed">
22              <h4>获取设备的运动信息</h4></div>
23          <div role="main" class="ui-content">
24              content
25          </div>
26          <div data-role="footer" data-position="fixed">
27              <div data-role="navbar" data-position="fixed">
28                  <ul>
29                      <li><a id="show acceleration"  href="#" class="ui-btn-default"
                        >点我显示加速度信息</a></li>
30                  </ul>
31              </div>
32          </div>
33      </div>
34      </body>
35 </html>
```

JavaScript 的主体代码片段如下：

```javascript
1 document.addEventListener('deviceready',onDeviceReady,false);
2 /*设备加载正常*/
3 function onDeviceReady(){
4     $(function(){
5         console.log("console.log works well");
6         console.log(navigator.accelerometer);
7         $(document).on('click','#show_acceleration',show_acceleration);
8     });
9 }
10 /*显示加速度信息*/
11 function show_acceleration(){
12     navigator.accelerometer.getCurrentAcceleration(onSuccess,onError);
13 }
14 /*显示加速度信息成功的回调函数*/
15 function onSuccess(acceleration){
16     alert('Acceleration X: ' + acceleration.x + '\n' +
17         'Acceleration Y: ' + acceleration.y + '\n' +
18         'Acceleration Z: ' + acceleration.z + '\n' +
19         'Timestamp: '      + acceleration.timestamp + '\n');
20 }
21 /*显示加速度信息失败的回调函数*/
22 function onError(error){
23     alert("error"+error);
24 }
```

注意：

可能有一些虚拟机不支持运行加速器的应用，因为正常的电脑上一般不会配备加速传感器，程序会报错，但是好的模拟器可能会提供比较关键的内核，使整个程序可以正常运行，运行效果如图 17-2 所示。

在本例的 JavaScript 代码中，第 12 行展示的是调用 Motion API 的 navigator.accelerometer.getCurrentAcceleration()方法，获取当前设备的加速度信息。这个方法有两个参数，都是自定义的匿名函数，第一个参数在成功获取设备加速度信息之后调用，这时成功的匿名函数还会接收到一个 acceleration 对象。这个对象里面包含了当时各个方向上的加速度

值和当时的时间戳,第二个参数是在获取设备信息失败时被调用,例如第 22 行的 onError()
函数就是将报错信息反馈给当前用户。

图 17-2　在 PC 模拟器上运行的应用

17.2　监控设备的加速度

17.2.1　如何监控当前设备的加速度

在上一节,我们熟悉并应用 Motion API 方法获取了当前设备的加速度,那么如何监控自己的设备状态呢,这在各大 APP 中都有运用。例如微博 APP 的运动模块;微信运动;专注运动的 APP 等。是的,这些运动模块都离不开获取和检测当前用户的运动状态。

如果写一个小例子,用来检测当前用户的运动状态,并且由当前用户决定什么时候开始监测、什么时候结束监测,应该如何写呢?

Motion API 中的 getCurrentAcceleration()方法显然不适合当前的需求,因为我们不能一直去调用 getCurrentAcceleration()方法来进行运算,原因有二:第一,非常耗性能;第二,不符合简单易用的标准。

值得庆幸的是,在 Motion API 中封装的 watchAcceleration()方法比 getCurrentAcceleration()方法要实用很多。下面就是监测手机加速度变化的一个简单实例。

17.2.2 监测当前设备加速度的实例

新建一个名为 watchAcceleration 的项目文件夹，初始化这个文件夹的内容，编辑 index.html，代码片段如下：

```html
<!DOCTYPE html>

<html>
    <head>

        <meta http-equiv="Content-Security-Policy" content="default-src 'self' data: gap: https://ssl.gstatic.com 'unsafe-eval'; style-src 'self' 'unsafe-inline'; media-src *">
        <meta name="format-detection" content="telephone=no">
        <meta charset="utf-8">
        <meta name="msapplication-tap-highlight" content="no">
        <meta name="viewport" content="user-scalable=no, initial-scale=1, maximum-scale=1, minimum-scale=1, width=device-width">
        <link rel="stylesheet" type="text/css" href="css/jquery.mobile-1.4.5.css">
        <script type="text/javascript" src="js/jquery-2.1.1.min.js"></script>
        <script type="text/javascript" src="js/jquery.mobile-1.4.5.js"></script>
        <script type="text/javascript" src="js/index.js"></script>
        <script type="text/javascript" src="cordova.js"></script>
        <title>监测设备加速度的实例</title>
    </head>
    <body>

        <div data-role="page" data-theme="a">
            <div data-role="header" data-position="fixed">
                <h5>监测设备加速度</h5>
                <div data-role="navbar">
                    <ul>
                        <li><a id="show" href="#" class="ui-btn-active">开始</a></li>
                    </ul>
                </div>
            </div>

            <div role="main" class="ui-content" >
                <ul id="list_acceleration" data-role="listview" data-filter="true" data-filter-placeholder="search" data-insert="true">
                    <li><a href="#">显示信息ing。。。</a></li>
                </ul>
            </div>
            <div data-role="footer" data-position="fixed">
                <div data-role="navbar">
                    <ul>
                        <li><a id="hidden" href="#" class="ui-btn-active">结束监测</a></li>
                    </ul>
                </div>
            </div>
        </div>
    </body>
</html>
```

本项目文件夹的 index.js 的 JavaScript 代码片段如下：

细说 HTML5 高级 API

```
1  document.addEventListener('deviceready',onDeviceReady,false);
2
3  function onDeviceReady(){
4      $(function(){
5          //watch_start();
6          $("#show").on('click',watch_start);
7          $("#hidden").on('click',watch_stop);
8      });
9  }
10 /*成功的回调处理函数*/
11 function onSuccess(acceleration){
12     x_val = '<li><a href=\"#\">X:'+acceleration.x+'</a></li>';// x轴加速度
13     y_val = '<li><a href=\"#\">Y:'+acceleration.y+'</a></li>';// y轴加速度
14     z_val = '<li><a href=\"#\">Z:'+acceleration.z+'</a></li>';// z轴加速度
15     t_val = '<li><a href=\"#\">Time:'+acceleration.timestamp+'</a></li>';// 加速度的时间戳
16     $('#list_acceleration').append(x_val,y_val,z_val,t_val);
17     $('#list_acceleration').listview('refresh');
18 }
19 /*失败的回调处理函数*/
20 function onError(){
21     //获取位置信息失败的handler
22     alert('获取地理位置信息失败');
23 }
24 /*开始监测*/
25 function watch_start(){
26     var options = { frequency: 300 };
27
28     watchID = navigator.accelerometer.watchAcceleration(onSuccess, onError, options);
29 }
30
31 function watch_stop(){
32     if(watchID){
33         navigator.accelerometer.clearWatch(watchID);
34         watchID = null;
35     }
36
37
38 }
39
```

完成本次代码编辑之后，我们使用 Cordova 的命令进行打包和安装的操作，具体的流程和之前章节讲解的一致，效果图如图 17-3 和图 17-4 所示。打开主页之后，直接点击 "开始" 按钮，进行设备加速度的监测，监测的数据会不停地在列表中增加，点击 "结束监测" 按钮，结束整个过程。

图 17-3　开始监测的效果图

图 17-4　结束监测的效果图

运行程序之后,点击"开始"按钮,程序就开始获取当前用户的设备运动信息。用户通过不断晃动手机,如微信中的"摇一摇",数据就会不断地输出到屏幕上;再点击"结束监测"按钮,监听程序就会被终止,但是输出的数据可以通过上下滑动屏幕查看。

注意:
演示案例中的数据不断添加到屏幕之后,需要调用 jQuery 中的刷新列表才能正常显示 jQuery Mobile 中的样式。

在本案例的 JavaScript 代码的第 25 行,声明了一个 watch_start()函数,绑定到"开始"按钮。在这个函数中,我们使用了 Motion API 中的 watchAcceleration()方法,用来监听当前用户使用的设备的加速度变化情况,

在此方法中,除了两个回调函数 onSuccess 和 onError,还多了一个参数 option。在这个参数中,我们可设置监听函数的调用间隔时间,单位为毫秒(ms),我们只需要使用默认的值就可以,比如这里设置的间隔时间为 500ms,也就是 0.5s,这样有利于捕捉当前设备的加速度情况。

在 onSuccess()函数中,我们可以使用 jQuery 中的 DOM 函数,将获取的加速度信息输出到定义好的节点中。

在此 JavaScript 代码中,笔者也写了一个停止获取设备加速度信息的函数:stopWatch()。在此函数中,我们使用 Motion API 中的 clearWatch()方法,清除且停止对设备加速度信息的监听。读者可以随时通过点击"结束监测"按钮结束监听函数,以记录一段时间的设备加速度信息。

17.2.3 深入理解"加速度"

在实际的开发中,读者如果对"加速度"没有足够的认识,就可能不能对一些数据的细节进行处理操作。在 Motion API 中,我们可以在效果图中看到,不管是 watchAcceleration() 方法,还是 getAcceleration()方法,它们获取的设备信息中都有 x、y、z 和时间戳。我们知道,在坐标系中,三维坐标系更有利于理解三个方向的力的合成问题,下面是有关合成力的示意图,如图 17-5 所示。

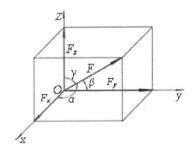

图 17-5 合成力的示意图

在生活中，一部手机摆放在桌面上，保持静止不动的状态时，它向下的加速度约等于 $9.8m/s^2$。理想状态下，手机只受地球竖直方向的力，z 轴的加速度的值为 9.8，x、y 轴的加速度为 0。此时，如果手机的位置发生了变化，如倾斜、掉落等，x、y 轴的值就会发生变化，并且发生的变化要符合定理，即：

$x^2+y^2+z^2 = 9.8$

然而，值得商榷的是，在正常的开发流程中，我们获得的都是瞬间的加速度，这可能存在很多不准确的信息。例如，第一秒 x 轴的加速度的值为-0.2，第二秒 x 轴的加速度的值为-0.3，第三秒 x 轴的加速度的值为-0.35，第四秒 x 轴的加速度的值为-0.5。对此，我们应该采用常用的减少误差方法，求平均值。

最终求得的平均值可以作为比较平稳的参考值，如果存在异常值，例如 x 轴的值突然变得很大，那么我们应该采取相应的措施，可以舍弃，也可进行数据过滤。当然，这需要读者针对具体应用进行具体分析。

17.2.4 哪些场景可以应用加速传感器

在前面的小节中，我们知道了如何使用 Motion API 中的常用方法来获取和监测设备的加速度，那么加速度在哪些场景中比较实用呢？

1. 摇一摇

微信摇一摇中的摇电视功能。当然，这只是一个非常实用的应用。如果读者收看一个综艺节目，并且有摇一摇的活动，可以亲自测试一下，这是电视台提高收视率的好办法。

图 17-6 摇电视

2. 游戏

《Bike Racing Mania》是一款非常适合通过加速传感器控制角色的游戏，可以利用读者左右摇摆手机所产生的加速度来控制车辆，跑酷类的经典游戏《地铁跑酷》《神庙逃亡》都是通过左右摇摆手机等来控制方向的。

图 17-7　游戏

3. 去广告

一些视频 APP 采用的去广告的方法，比较适合于不想动手关闭广告的用户。

4. 切换歌曲

一些音乐 APP 所采用的切歌方法，当然，这种方法因人而异。

图 17-8　切歌

5．抽奖

加速传感器可以获取足够的设备空间变化信息，根据用户的晃动动作抽奖，有种抓阄的感觉。

图 17-9　抽奖

6．手机防丢

有些安全软件提供了手机防丢服务，当手机的加速度在较大范围内变化幅度过大时，应用可以发出警报声，这是一种非常好的防丢方法。

图 17-10　手机防丢

17.3 本章总结

本章我们简单认识并且应用了 Cordova 中设备加速度的 API，有助于我们在 APP 中实现更加丰富的功能，对用户的人机交互更加有利。

本章习题及其答案

本章资源包

练习题

一、选择题

1. 加速度计是在沿着 x、y 和 z 轴的三维中监测相对于当前装置取向的移动变化（增量）的（ ）。

   A．热量传感器　　　B．运动传感器　　　C．距离传感器　　D．声波传感器

2. 我们可以通过全局对象（ ）访问加速器对象。

   A．navigator.accelerometer

   B．navigator

   C．navigator.accelerometer.clearWatch

   D．navigator.accelerometer.getCurrentAcceleration

3. 在安卓手机中，使用 SENSOR_DELAY_UI 标志调用加速度计，将最大读数频率限制在 20 和（ ）之间。

   A．50　　　　　　　B．60　　　　　　　C．70　　　　　　D．80

4. 获取沿 x、y 和 z 轴的当前加速度的方法是（ ）。

   A．navigator.accelerometer.getCurrentAcceleration

   B．navigator.accelerometer.watchAcceleration

   C．navigator.accelerometer.clearWatch

   D．navigator

5. 加速度值返回到（ ）回调函数。

   A．accelerometerSuccess　　　　　　　B．accelerometerError

   C．accelerometer　　　　　　　　　　D．accelerometers

6. 以固定间隔检索设备的当前加速度，这个函数是（　　）。

A．navigator.accelerometer.getCurrentAcceleration

B．navigator.accelerometer.watchAcceleration

C．navigator.accelerometer.clearWatch

D．navigator

7. 停止观察由 watchID 参数引用的加速度。这个函数是（　　）。

A．navigator.accelerometer.getCurrentAcceleration

B．navigator.accelerometer.watchAcceleration

C．navigator.accelerometer.clearWatch

D．navigator

8. 各个轴的加速度单位是（　　）。

A．m　　　　　　B．m/s　　　　　　C．s　　　　　　D．m/s^2

9. 重力加速度的平均值为（　　）。

A．8.1　　　　　　B．8　　　　　　C．9.81　　　　　　D．10

10. 下面关于重力加速度的表述正确的是（　　）。

A．9.81 m/s^2　　　B．9.81 m/s　　　C．9.81 /m　　　D．9.81/s

二、简答题

根据重力感应的原理，创建一个估算球体运动过程中的重力加速度情况的 APP。